上海市勘察设计行业协会团体标准

工程勘察设计管理数字化能力评价标准

Evaluation standard of digital capability of management in engineering survey and design industry

T/SEDTA 004—2025

同济大学出版社
上 海

图书在版编目(CIP)数据

工程勘察设计管理数字化能力评价标准 / 上海市勘察设计行业协会主编. --上海: 同济大学出版社, 2024.12. -- ISBN 978-7-5765-1460-5

Ⅰ. TU19

中国国家版本馆 CIP 数据核字第 202476JW49 号

工程勘察设计管理数字化能力评价标准

上海市勘察设计行业协会 **主编**

责任编辑 朱笑黎
责任校对 徐春莲
封面设计 陈益平

出版发行 同济大学出版社 www.tongjipress.com.cn
(地址:上海市四平路 1239 号 邮编:200092 电话:021-65985622)
经　　销 全国各地新华书店
印　　刷 上海新华印刷有限公司
开　　本 890mm×1240mm 1/16
印　　张 4.5
字　　数 121 000
版　　次 2024 年 12 月第 1 版
印　　次 2024 年 12 月第 1 次印刷
书　　号 ISBN 978-7-5765-1460-5
定　　价 68.00 元

前　言

本标准参照 GB/T 1.1—2020《标准化工作导则　第 1 部分:标准化文件的结构和起草规则》的规定起草。

请注意本标准的某些内容可能涉及专利。本标准的发布机构不承担识别这些专利的责任。

本标准由上海市勘察设计行业协会信息化(数字化)工作委员会提出并归口。

本标准主要起草单位:同济大学建筑设计研究院(集团)有限公司

本标准参加起草单位:(排名不分先后)

华建集团上海建筑设计研究院有限公司

上海市城市建设设计研究总院(集团)有限公司

上海勘察设计研究院(集团)股份有限公司

上海市隧道工程轨道交通设计研究院

上海天华建筑设计有限公司

上海市园林设计研究总院有限公司

普元信息技术股份有限公司

上海金曲信息技术有限公司

本标准主要起草人:周建峰　赵　颖　陈光辉　杨海涛　沈　磊　金宗川　辛佐先

许潇红　王　成　王冬冬　华晓伟　周鑫勇　王铭航　沈振一

张晓松　许　杰　陈　琳　白　晓　吴豪杰　张　楠　马同飞

郦振中　倪　奕　彭艾鑫　吴晓维　安　娜　齐　颖

本标准主要审查人:朱春田　忻国樑　汤朔宁　朱恺真　周建龙　蒋力俭　董松苗

费　智　曹玉英

引　言

工程勘察设计行业技术先进，但生产方式传统，缺乏原生数据，数字化转型发展难度较大，对于数字化转型发展如何做正确的事、如何正确地做事需要科学研究。本团体标准旨在通过构建工程勘察设计管理数字化在业务、应用、数据、技术和资源等方面的框架，以目标和结果为导向，推荐给本行业企业参考。

本标准通过数字化能力域、能力项、能力因子 3 个层级，识别了工程勘察设计在运营决策、生产经营、管理支撑、应用与数据、基础架构、基础设施管理数字化能力的内容，构建了工程勘察设计管理数字化的架构，设定了 5 个能级作为发展进阶，提出了不同能级的建设要求作为评价标准，引导工程勘察设计数字化建设发展。

目　次

Contents

工程勘察设计管理数字化能力评价标准

1 范围

本标准给出了工程勘察设计管理数字化能力评价的框架，定义了能力域、能力项和能力因子的内容，以及能力分级和能力要求。

本标准适用于本协会建筑、市政、勘察和园林工程勘察设计管理数字化。

2 规范性引用文件

下列标准中的内容通过文中规范性引用而构成本标准必不可少的条款。其中，注明日期的引用文件，仅该日期对应的版本适用于本标准，不注明日期的引用文件，其最新版本（包括所有的修改通知单）适用于本标准。

GB/T 23011—2022 信息化和工业化融合 数字化转型 价值效益参考模型

3 术语和定义

3.1 管理数字化 Management Digitization

管理数字化是指企业经营和生产业务管理，以及支持生产业务相关管理的数字化目标和实施过程。

3.2 运营决策 Operational Decisions

运营决策是指企业为实现一定的目标，按照科学的程序和方法对全局性的重大问题进行分析、研究对比，选择其中一个最佳方案，并加以组织、实施的过程。

3.3 生产经营 Production and Management

生产经营是指围绕企业产品的商机、订单、投入、生产、销售、分配乃至保持简单再生产或实现扩大再生产所开展的各种活动的总称。

3.4 管理支撑 Management Support

管理支撑是指企业支持生产经营和运营的各项管理子业务。主要包括综合管理、知识管理、人力资源、财务管理、科技质量、数字化管理、风险管理、审计管理等。

3.5 应用与数据 Application and Data

应用与数据是指企业应用系统组件的应用架构和数据组件的应用架构，是业务架构的交互表达和内容表达。

3.6 基础架构 Infrastructure System

基础架构是指运行和管理企业 IT 环境所需的组件，主要包括硬件、软件、网络等资源架构，以及安全、管理和服务体系。

3.7 基础设施 Infrastructure Solutions

基础设施是指支撑企业 IT 基础架构的设施，主要包括数据中心建筑及其配套设施，连接数据中心与用户楼宇、用户点的通信线路。

4 总体框架

4.1 概述

工程勘察设计管理数字化能力评价标准总体框架，主要内容包括能力识别、能力分级和能力水平要求，系统阐述了管理数字化能力实现的主要内容和建设发展路径。

4.2 能力识别

通过对能力域、能力项、能力因子 3 个层级及其 6 个能力域、18 个能力项、180 多个能力因子的识别，定义了工程勘察设计在运营决策、生产经营、管理支撑、应用与数据、基础架构、基础设施方面的管理数字化能力内容。

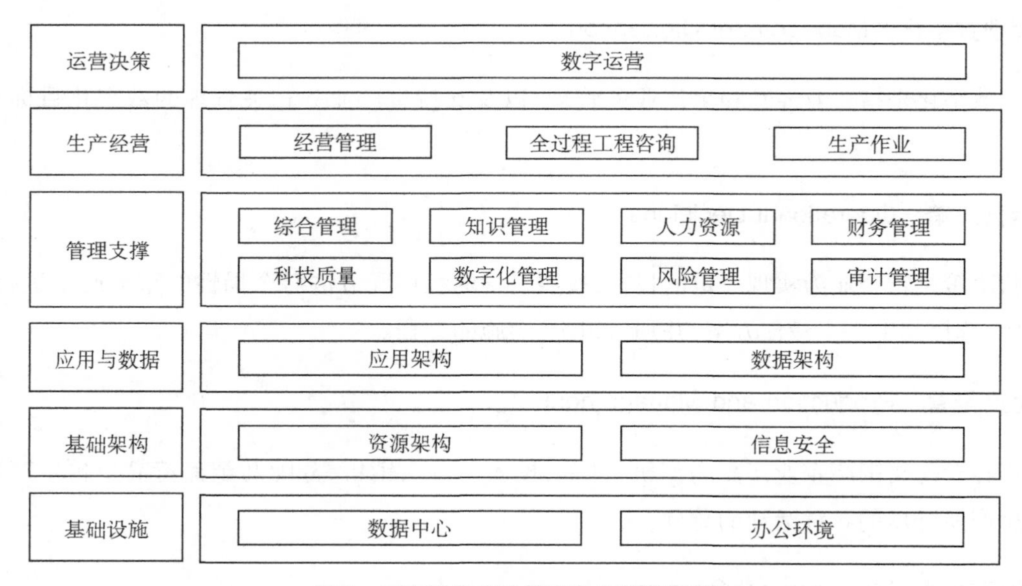

图 1 工程勘察设计管理数字化架构图

表 1 工程勘察设计管理数字化能力识别表

序号	能力域	能力项	能力因子
1	运营决策	数字运营	业务场景、应用场景、数据可视化、数据建模、数据整合、数据多维分析、数据联合
2	生产经营	经营管理	品牌管理、资质管理、客户管理、合作方管理、供应商管理、相关方管理、销售线索、投标管理、合同管理、人员选配、业财管理、业绩管理
3		全过程工程咨询	管理要素、管理模板、履约管理、生产管理、整合管理要素、整合管理模板、整合项目管理、整合履约管理、整合生产管理
4		生产作业	工程测量、工程勘察、监测测试、协同设计、文档协作、造价管理、档案管理、成果交付、施工配合、安全管理、信息集成共享
5	管理支撑	综合管理	公共信息、即时通信、审批流程、待办事项、文件管理、任务协同、日程管理、会议管理
6		知识管理	知识积累、知识分类、知识搜索、知识统计、知识推送、知识融合、知识创新
7		人力资源	组织架构、岗位职级、人事管理、职称管理、招聘管理、培训管理、时间管理、绩效管理、薪酬管理、人才画像、人才发展、人力资本、自助服务
8		财务管理	账务管理、资产管理、税务管理、预算管理、成本管理、资金管理、投融资管理、战略财务管理
9		科技质量	科研项目、质量体系、质量监督、技术标准、技术评审、评优创优、知识产权
10		数字化管理	管理组织、战略管理、规划管理、年度计划、需求管理、供应链管理、项目管理、使用管理、运维管理、标准管理、数字化管理知识库
11		风险管理	风险管理组织、风险管理规划、内控体系管理、风险识别、风险上报、风险处置、风险预警、合规事件管理、风险库管理
12		审计管理	审计管理组织、审计规划、审计体系管理、审计作业、财务审计、资产审计、工程审计、重要事项审计、管理审计、合规性审计、审计案例库
13	应用与数据	应用架构	交互终端、权限服务、应用管理、日志管理、分层架构、门户服务、流程服务、集成服务、运维服务、开发支撑、分析服务、组件服务、数据应用管理、负载均衡、安全管控、缓存策略、持续集成与部署、大模型应用、应用架构知识库
14		数据架构	数据模型、数据分布、数据集成、数据架构管理、数据共享、数据服务、元数据、主数据、数据标准、数据指标、数据标签、数据资产、数据质量、数据开发、数据分析、数据血缘、监控运维、数据安全、数据编织、知识图谱、数字孪生、人工智能、数据挖掘、区块链
15	基础架构	资源架构	网络资源、算力资源、存储资源、超算资源、软件资源、资源服务
16		信息安全	信息安全组织、信息安全设施、信息安全服务、数据安全应急策略、网络安全应急策略
17	基础设施	数据中心	建设标准、建筑空间、电力供应、空气调节、网络系统、综合布线、安全防范、消防安全、环境监控、设备监控
18		办公环境	网络接入、办公模式、工作区域、资源服务

4.3 能力分级

能力分级按照本团体数字化能力发展路径分为初始级、局部级、系统级、成熟级和生态级 5 个能力级别。

4.3.1　初始级(1级)

经验驱动型管理模式,初步开展数字化应用,尚未有效建成主营业务相关的数字化能力。

4.3.2　局部级(2级)

职能驱动型管理模式,工具级数字化,支持单一业务优化的职能单元数字化能力。

4.3.3　系统级(3级)

流程驱动型管理模式,业务线数字化,支持业务集成协同的流程级数字化能力。

4.3.4　成熟级(4级)

数据驱动型管理模式,组织级数字化,支持组织全局优化的网络级数字化能力。

4.3.5　生态级(5级)

智能驱动型价值和生态共生管理模式,生态级数字化,支持价值共创的生态级数字化能力。

4.4　能力水平

能力水平以能力因子界定的范围为评价内容,以能力因子的实现程度为评价要求进行评价。

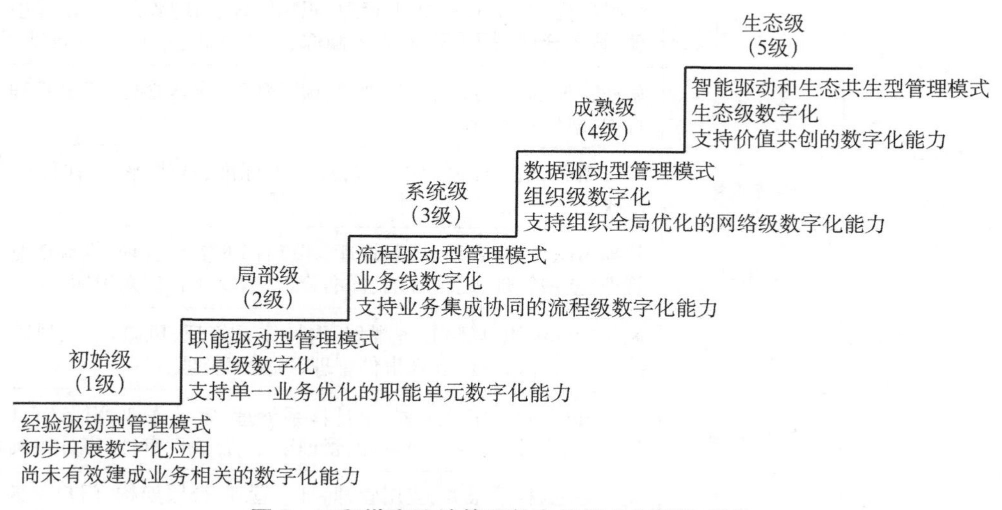

图2　工程勘察设计管理数字化能力分级示意图

5　运营决策

5.1　数字运营

5.1.1　能力因子

数字运营管理能力因子,主要包括业务场景、应用场景、数据可视化、数据建模、数据整合、数据多维分析、数据联合7个能力因子。

1) 业务场景,指通过对一个和多个业务域的不同业务组件连接完成的、对某类业务内容数据(如组织、人员、事物、目标、方法、时间和地点)进行描述而呈现的场景。

2) 应用场景,指通过数字化方法或工具对业务内容即数据实现一种交互表达的场景,主要包括:数据的内容和量化表达、数据的维度表达(切片和切块、钻取、透视、聚合汇总、交叉和趋势),以及数据的图形图像表达方式等场景。

3) 数据可视化,是一种将数据集利用分析和开发工具抽取出各种属性和变量,并以图形图像形式表示的处理过程。常见数据可视化图形图像举例如下:

条形图 Bar Charts　用于比较不同类别的数值大小；

折线图 Line Charts　用于显示随时间变化的趋势；

饼图 Pie Charts　用于展示各部分占总体的比例关系；

散点图 Scatter Plots　用于观察两个变量之间的关系；

热力图 Heat Maps　用颜色强度来表示数据值的大小；

直方图 Histograms　用于显示连续数据的分布情况；

箱形图 Box Plots　用于展示一组数据的五数概括；

地理空间可视化 Geospatial Visualization　用于在地图上显示数据的位置信息；

树状图 Tree Maps　用于展示层级结构中的数据；

仪表盘 Dashboards　结合多种图表和指标显示综合信息。

4）数据建模，指通过在抽象层次上描述系统的静态特征、动态行为和约束条件，为数据库系统的信息显示与操作提供一个抽象框架的过程。

5）数据整合，指将不同数据源的数据收集、整理、清洗，转换后加载到一个新的数据源，为数据消费者提供统一数据视图的数据集成过程。该过程通过数据提取转换加载工具（ETL）和数据提取加载转换工具（ELT）实现，相关说明如下：

数据提取转换加载工具（Extract Transform Load，ETL）　指数据仓库和商业智能项目从多个数据源抽取数据、转换数据、加载到数据仓库、数据集市的处理工具；

数据提取加载转换工具（Extract Load Transform，ELT）　指从多个数据源抽取数据、加载到数据湖、转换数据的处理工具。

6）数据多维分析，指用适当的统计分析方法对数据进行深入理解和分析，让用户能够从多个维度、多个侧面和多种数据格式综合全面地查看数据，实现对各种应用场景的支持。主要包括：对数据从不同维度进行分析，通过各种计算分析函数对数据量化分析，对数据集切片或切块分析，从总体数据深入到明细数据进行钻取分析，对数据从一个维度重新组织或重新编排进行透视分析，将不同数据源或不同维度的数据结合起来按某种维度进行合并和计算的聚合汇总分析，将数据在两个或多个维度上交叉分析，识别数据中的长期趋势或周期性波动的趋势进行分析。

7）数据联合，指通过多个数据来源创建虚拟数据库，不移动或复制数据而提供一个统一的查询接口，从多个数据源获取数据，实现数据联合，适用于需要实时访问多个数据源的场景。

5.1.2　能力水平

5.1.2.1　初始级（1级）

1）业务场景，具备部分业务数据统计的能力。

2）应用场景，具备部分业务数据报表应用的能力。

5.1.2.2　局部级（2级）

1）业务场景，具备经营管理、财务核算等业务数据可视化分析的能力。

2）应用场景，具备数据报表、数据可视化量化应用的能力。

3）数据可视化，具备数据可视化模板构建、前端界面管理的能力。

4）数据多维分析，具备对数据从不同维度量化分析的能力。

5.1.2.3　系统级（3级）

1）业务场景，具备生产经营、管理支撑业务场景数据可视化分析、预警和决策的能力。

2）应用场景，具备数据可视化量化、切片或切块、钻取和透视应用的能力。

3）数据可视化，具备数据可视化模板构建、模板管理、前端界面管理的能力。

4）数据建模，具备对接数据仓库进行建模的能力。

5）数据整合，具备结构化数据通过数据提取转换加载工具（ETL）建立操作型数据库（ODS）、数据仓库（DW）的数据整合能力。

6）数据多维分析，具备对数据从不同维度、量化、切片或切块、钻取和透视分析的能力。

5.1.2.4 成熟级（4级）

1）业务场景，具备生产经营、管理支撑、基础架构业务场景数据可视化、预警和决策的能力。

2）应用场景，具备数据可视化量化、切片或切块、钻取、透视、聚合和交叉分析应用的能力。

3）数据可视化，具备数据可视化模板构建、模板管理、前端界面管理，以及数据源、数据选取、数据选取后端开发配置的能力。

4）数据建模，具备对接数据仓库、数据集市进行建模的能力。

5）数据整合，具备结构化数据通过数据提取转换加载工具（ETL）建立操作型数据库（ODS）、数据仓库（DW）、数据集市（DM）的数据整合能力。

6）数据多维分析，具备对数据从不同维度量化、切片或切块、钻取、透视、聚合和交叉分析的能力。

5.1.2.5 生态级（5级）

1）业务场景，具备生产经营、管理支撑、基础架构和基础设施业务场景数据可视化分析、预警/预测、决策的能力。

2）应用场景，具备数据可视化量化、切片和切块、钻取、透视、聚合、交叉分析、趋势分析和周期性波动趋势分析，以及智能化应用的能力。

3）数据可视化，具备数据可视化模板构建、模板管理、前端界面管理，以及数据源、数据选取、模型逻辑、数据运行后端开发配置，以及智能化的能力。

4）数据建模，具备对接数据仓库、数据集市及其多源数据的链接进行建模、模板库生态管理的能力。

5）数据整合，具备结构化数据通过数据提取转换加载工具（ETL）建立操作型数据库（ODS）、数据仓库（DW）、数据集市（DM），通过数据提取加载转换工具（ELT）建立数据湖（Data Lake），以及通过其他工具对非结构化数据和多模态文档（文本、图形、音频、视频等）的数据整合的能力。

6）数据多维分析，具备对数据从不同维度量化、切片或切块、钻取、透视、聚合、交叉、长期趋势或周期性波动趋势分析，以及智能化分析的能力。

7）数据联合，具备从多个来源创建虚拟数据库，通过统一的查询接口从多个来源获取数据，实现数据联合，并使用标准数据模型实时组织这些数据的能力。

6 生产经营

6.1 经营管理

6.1.1 能力因子

经营管理数字化能力因子，主要包括：品牌管理、资质管理、客户管理、合作方管理、供应商管理、相关方管理、销售线索、投标管理、合同管理、人员选配、业财管理、业绩管理12个能力因子。

1）品牌管理，指企业对于品牌的核心价值、品牌战略、品牌架构和品牌资产的管理。

2）资质管理，指企业对行业准入资格的管理，主要包括资质申请、许可、使用和变更，以及资质证书在产品上的签署，资质的范围和等级决定了勘察设计企业的经营空间。

3）客户管理，指围绕客户生命周期发生、发展的信息归集，通过客户详细资料的深入分析和改进，来提高客户满意度，从而提高企业的竞争力。

4）合作方管理，指企业对合作伙伴在企业资信、技术装备、人力资源，以及合作项目相关工作界面、输入输出、合作成效等方面的管理。

5）供应商管理，指对勘察设计及其相关业务采购的供应商的信息管理，包括供应商企业资信、技术装备、人力资源，以及采购生命周期和评价的管理。

6）相关方管理，指除客户、合作方、供应商以外的其他相关方，如施工方、政府机构等。

7）销售线索，指初级线索的获取、评估、持续跟进，以及推动线索的继续延伸、成熟后转化为销售机会的管理。

8）投标管理，指对投标信息及其招标书的获取、评估、应标、标书编制、开标、是否中标等招投标活动、信息和分析改进的管理。

9）合同管理，指当事人双方或数方确定各自权利和义务关系的协议管理，合同管理全过程包括洽谈、签订和履约，直至合同失效为止。

10）人员选配，指合同履约所需人力资源的选配符合岗位资质要求，并能够通过人员能力和资源占用状态优选的人力资源配置，更有利于合同的履约和经营的绩效。

11）业财管理，指企业经营管理过程中业务相关的财务管理，主要包括业务的预算、应收和应付、开票、到款和付款、结算和核算等管理。

12）业绩管理，指企业经营的绩效管理，包括企业产品的业绩、经济效益和社会效益等管理。

6.1.2 能力水平

6.1.2.1 初始级（1级）

1）销售线索，具备基本的对销售线索管理，以及数据分析和利用的能力。

2）投标管理，具备基本的对投标管理，以及数据分析和利用的能力。

3）合同管理，具备基本的对合同管理，以及数据分析和利用的能力。

4）业绩管理，具备基本的对经营业绩管理，以及数据分析和利用的能力。

6.1.2.2 局部级（2级）

1）品牌管理，基本具备对品牌传播的能力。

2）资质管理，具备对企业资质及其证章生命周期管理的能力。

3）客户管理，具备对客户数据管理，以及数据分析和利用的能力。

4）销售线索，具备对销售线索的获取和分配管理，以及数据分析和利用的能力。

5）投标管理，具备对投标数据、生命周期管理，以及数据分析和利用的能力。

6）合同管理，具备对合同数据、生命周期管理，以及数据分析和利用的能力。

7）业绩管理，具备对经营业绩管理，以及数据分析和利用的能力。

6.1.2.3 系统级（3级）

1）品牌管理，具备对品牌和业绩传播的能力。

2）资质管理，具备对企业资质及其证章数据、对接业务系统证章签署、生命周期管理，以及数据分析和利用的能力。

3）客户管理，具备对客户数据生命周期管理，以及数据分析和利用的能力。

4）供应商管理，具备对供应商数据、生命周期管理，以及数据分析和利用的能力。

5）销售线索，具备对销售线索的获取、评价和分配管理，以及数据分析和利用的能力。

6）投标管理，具备对投标和应标数据及其生命周期管理、对接全过程工程咨询，以及数据分析和利用的能力。

7）合同管理，具备对合同数据、履约和终止的生命周期管理，以及数据分析和利用的能力。

8）人员选配，具备人员选配岗位资质信息为生产业务服务的能力。

9）业财管理，具备对预算和成本、应收和应付、开票、到款和付款、结算等财务生命周期管理，以及数据分析和利用的能力。

10）业绩管理，具备对经营业绩目标设定、目标分解、绩效跟踪、持续改进的数据管理，以及数据分析和利用的能力。

6.1.2.4　**成熟级(4级)**

1）品牌管理，具备对品牌战略、品牌建设、品牌业绩管理和品牌传播的能力。

2）资质管理，具备对企业资质及其证章数据、对接业务系统证章签署、生命周期管理、地方准入信息管理，以及企业资质使用分析和需求管理的能力。

3）客户管理，具备对客户数据、服务数据、生命周期管理，以及数据分析和利用的能力。

4）供应商管理，具备对供应商数据、服务及其产品数据、生命周期管理，以及数据分析和利用的能力。

5）销售线索，具备对销售线索的获取、评价、培养、分配和转换商机管理，以及数据分析和利用的能力。

6）投标管理，具备对投标和应标数据及其生命周期管理，对接全过程工程咨询、生产作业平台实现投标履约和产品信息管理，以及数据分析和利用的能力。

7）合同管理，具备对合同准备、谈判、审批与签署、执行、终止的全生命周期管理，对接全过程工程咨询、生产作业平台实现合同履约和产品信息管理，以及数据分析和利用的能力。

8）人员选配，具备人员选配岗位资质信息及人员能力和资源占用状态优选信息为生产业务服务的能力。

9）业财管理，具备项目费用标准、预算和成本、应收和应付、开票、到款和付款、报销、结算等业务和财务一体化管理，以及数据分析和利用的能力。

10）业绩管理，具备对经营业绩目标设定、目标分解、激励机制、绩效跟踪、持续改进的数据管理、全生命周期管理，以及数据分析和利用的能力。

6.1.2.5　**生态级(5级)**

1）品牌管理，具备对品牌战略、品牌建设、品牌业绩管理，以及品牌传播和品牌延伸的能力。

2）资质管理，具备对企业资质及其证章数据、对接业务系统证章签署、生命周期管理、企业诚信和地方准入信息数据开放管理，以及企业资质使用分析和需求管理的能力。

3）客户管理，具备对客户数据服务开放、业务服务开放、生命周期管理，以及数据分析和利用的能力。

4）合作方管理，具备对合作方数据服务开放、业务服务开放及其产品数据、生命周期管理，以及数据分析和利用的能力。

5）供应商管理，具备对供应商数据服务开放、业务服务开放及其产品数据、生命周期管理，以及数据分析和利用的能力。

6）相关方管理，具备对相关方数据服务开放、业务服务开放及其产品数据、生命周期管理，以及数据分析和利用的能力。

7）销售线索，具备销售线索的获取、评价、培养、分配、转换商机和延伸管理，以及数据分析和利用的能力。

8）投标管理，具备数据服务和业务服务开放的投标和应标数据及其生命周期管理，对接全过程工程咨询、生产作业平台实现投标履约和产品信息管理，以及数据分析和利用的能力。

9）合同管理，具备对合同数据、履约、数据服务开放、业务服务开放全生命周期管理，对接全过程工程咨询、生产作业平台实现合同履约和产品信息管理，以及数据分析和利用的能力。

10）人员选配，具备人员选配岗位资质信息，以及人员能力和资源占用状态优选信息自动化和智能化与生产业务服务匹配的能力。

11）业财管理，具备项目费用标准、授信体系、预算和成本、应收和应付、开票、到款和付款、报销、结算等业务和财务一体化管理，以及数据分析和利用的能力。

12）业绩管理，具备对经营业绩目标设定、目标分解、激励机制、绩效跟踪、持续改进、文化塑造任务的数据管理、全生命周期管理及其数据分析和利用，以及转化为品牌管理的能力。

6.2 全过程工程咨询

6.2.1 能力因子

全过程工程咨询管理数字化能力因子，主要包括：管理要素、管理模板、履约管理、生产管理、整合管理要素、整合管理模板、整合项目管理、整合履约管理、整合生产管理9个能力因子。

1）管理要素，指全过程工程咨询的服务内容、项目集合、项目管理阶段、项目管理主题，相关说明如下。

服务内容 全过程工程咨询，指对建设项目投资决策、工程建设和运营的全生命周期提供包含涉及组织、管理、经济和技术等各方面局部或整体解决方案的智力服务活动。全过程工程咨询服务一般内容主要包括：

(1) 投资决策阶段（子阶段包括项目建议书、可行性研究、建设条件专项咨询、项目申请报告、资金申请报告、建筑策划、开发管理）。

(2) 勘察设计阶段（子阶段包括工程勘察、方案设计、初步设计、施工图设计、专项设计、技术规格书、工程量清单及控制价格、建筑信息模型设计应用、项目管理）。

(3) 施工准备阶段（子阶段包括施工招标采购、项目管理）。

(4) 施工阶段（子阶段包括项目管理）。

(5) 竣工验收阶段（子阶段包括项目管理）。

(6) 运维阶段（子阶段包括缺陷责任期项目管理内容咨询、项目后评估、运维管理）。

项目集合

(1) 项目组合，指为实现目标而组合在一起管理的项目、项目集、子项目组合。

(2) 项目集，指一组相互关联且被协调管理的项目、子项目集、子项目组合。

(3) 子项目组合，指为实现目标而组合在一起管理的子项目。

(4) 子项目集，指一组相互关联且被协调管理的子项目。

项目管理阶段 全过程工程咨询的项目管理阶段，包括项目启动、项目规划、项目执行、项目监控、项目收尾5个管理阶段：

(1) 项目启动，包括项目立项、项目章程制定、项目干系人识别等管理内容。

(2) 项目规划，包括定义项目需求与范围、项目工作分解结构（WBS）、进度计划、成本预算、质量标准、资源计划、沟通计划、风险计划、采购计划、干系人规划等管理内容。

(3) 项目执行,包括任务执行、质量审查、项目协作、资源管理、项目沟通、风险应对、采购实施、干系人参与等管理内容。

(4) 项目监控,包括项目进度、项目质量、项目成本等跟踪监控,项目计划、范围、预算的变更管理,以及质量改进、风险处理、采购合作、沟通控制、资源协调、项目绩效等跟踪管理内容。

(5) 项目收尾,包括完工确认、合同结算、知识归档、项目总结等管理内容。

项目管理主题 全过程工程咨询的项目管理主题,包括项目整合管理、范围管理、组织人员管理、时间管理、成本管理、质量管理、风险管理、沟通管理、采购管理、干系人管理10类管理主题:

(1) 整合管理,指全过程工程咨询项目全要素整合的输入和输出、分析、预测/预警、绩效和决策控制等管理。

(2) 范围管理,指项目范围的需求管理、计划管理,包括定义范围、创建WBS、确认范围和控制范围等输入和输出管理。

(3) 组织人员管理,指规划组织和人力资源管理,包括项目团队的组织、建设、管理等输入和输出管理。

(4) 时间管理,指项目进度管理的计划、定义活动、排列活动顺序、估算活动资源、估算活动持续时间、制订进度计划和控制进度等输入和输出管理。

(5) 成本管理,指项目成本管理的计划、估算成本、制定预算、控制成本等输入和输出管理。

(6) 质量管理,指项目质量管理计划、质量保证、质量控制等输入和输出管理。

(7) 风险管理,指项目风险管理计划、风险识别、实施定性风险分析、定量分析和风险控制等输入和输出管理。

(8) 沟通管理,指沟通管理计划、管理沟通、控制沟通等输入和输出管理。

(9) 采购管理,指采购管理计划、实施采购、控制采购和结束采购等输入和输出管理。

(10) 干系人管理,指干系人识别、干系人管理规划、干系人参与的输入和输出管理。

2) 管理模板,指按照项目工作分解结构(WBS)制定的标准化的或可灵活配置的模板,用于界定项目组织、工作内容和工作流程。

3) 履约管理,指项目管理接收经营管理的任务,执行完成后反馈到经营管理的过程,输入和输出是动态的。

4) 生产管理,指项目管理需要执行的任务,输入到生产作业系统,执行完成后反馈到项目管理的过程。

5) 整合管理要素,指对全过程工程咨询项目总体整合管理要素的输入和输出、分析、预测/预警、绩效和决策控制。

6) 整合管理模板,指全过程工程咨询项目总体工作分解结构(WBS)。同时,又能够对接各子项目工作分解结构的标准化的或可灵活配置的模板,用于界定项目组织、工作内容和工作流程。

7) 整合项目管理,指对全过程工程咨询项目总体整合管理的输入和输出、分析、预测/预警、绩效和决策控制等管理。

8) 整合履约管理,指整合项目管理接收整合经营管理的任务,执行完成后反馈到整合经营管理的管理过程,输入和输出是动态的。

9) 整合生产管理,指整合项目管理需要执行的任务,输入到生产作业系统,执行完成后反馈到项目管理的管理过程。

6.2.2 能力水平

6.2.2.1 初始级(1级)

1) 管理要素,具备**服务内容**局部子阶段的生命周期管理、**项目管理阶段**和**项目管理主题**最基本内容管理的能力。

2) 管理模板,具备**服务内容**局部子阶段的生命周期管理、**项目管理阶段**和**项目管理主题**最基本内容固化的或可灵活配置的管理模板,并界定项目组织、工作内容和工作流程的能力。

3) 履约管理,具备服务内容局部子阶段的生命周期管理、项目管理阶段和项目管理主题最基本内容的履约数据对接经营管理数据的能力。

6.2.2.2 局部级(2级)

1) 管理要素,具备**服务内容**局部阶段的生命周期管理、**项目管理阶段**和**项目管理主题**局部内容管理的能力。

2) 管理模板,具备**服务内容**局部阶段的生命周期管理、**项目管理阶段**和**项目管理主题**局部内容固化的或可灵活配置的管理模板,并界定项目组织、工作内容、工作流程的能力。

3) 履约管理,具备**服务内容**局部阶段的生命周期管理、**项目管理阶段**和**项目管理主题**局部内容的履约数据对接经营管理数据的能力。

4) 生产管理,具备服务内容局部阶段的生命周期管理、项目管理阶段和项目管理主题局部内容的数据对接数字化工具及其文件、图纸的能力。

5) 整合管理要素,具备服务内容局部阶段的生命周期管理、项目管理阶段和项目管理主题局部内容整合管理的数据输入和输出的能力。

6.2.2.3 系统级(3级)

1) 管理要素,具备**服务内容**主要阶段的生命周期管理、**项目管理阶段**和**项目管理主题**主要内容的数据输入和输出,并进行分析、预警、绩效管理和决策的能力。

2) 管理模板,具备**服务内容**主要阶段的生命周期管理、**项目管理阶段**和**项目管理主题**主要内容固化的或可灵活配置的管理模板,支持**项目集合**的项目、子项目集、子项目,并界定组织结构、工作内容、工作流程和工作指引的能力。

3) 履约管理,具备**服务内容**主要阶段的生命周期管理、**项目管理阶段**和**项目管理主题**主要内容的履约数据对接经营管理数据的能力。

4) 生产管理,具备**服务内容**主要阶段的生命周期管理、**项目管理阶段**和**项目管理主题**主要内容的数据对接生产作业平台、数字化工具及其文件、图纸、数字模型的能力。

5) 整合管理要素,具备服务内容主要阶段生命周期管理、项目管理阶段和项目管理主题主要内容整合管理的数据输入和输出,并进行分析、预警、绩效管理和决策的能力。

6) 整合管理模板,具备服务内容主要阶段生命周期管理、项目管理阶段和项目管理主题主要内容整合管理固化的或可灵活配置的模板,并界定组织结构、工作内容、工作流程和工作指引的能力。

7) 整合项目管理,具备服务内容主要阶段生命周期管理、项目管理阶段和项目管理主题主要内容整合项目管理的数据输入、输出和向下穿透,进行分析、预警、绩效管理和决策的能力。

6.2.2.4 成熟级(4 级)

1) 管理要素,具备**服务内容**大部分阶段的生命周期管理、**项目管理阶段**和**项目管理主题**全面内容的数据输入和输出,并进行分析、预警、绩效管理和决策的能力。

2) 管理模板,具备**服务内容**大部分阶段的生命周期管理、**项目管理阶段**和**项目管理主题**全面内容固化的或可灵活配置的管理模板,支持**项目集合**的项目集、项目、子项目组合、子项目集、子项目,并界定组织结构、工作内容、工作流程和工作指引的能力。

3) 履约管理,具备**服务内容**大部分阶段的生命周期管理、**项目管理阶段**和**项目管理主题**全面内容的履约数据对接经营管理的能力。

4) 生产管理,具备**服务内容**大部分阶段的生命周期管理、**项目管理阶段**和**项目管理主题**全面内容的数据对接生产作业平台、数字化工具及其文件、图纸、数字模型的能力。

5) 整合管理要素,具备**服务内容**大部分阶段生命周期管理、**项目管理阶段**和**项目管理主题**全面内容整合管理的数据输入和输出,并进行分析、预警、绩效管理和决策的能力。

6) 整合管理模板,具备**服务内容**大部分阶段生命周期管理、**项目管理阶段**和**项目管理主题**全面内容整合管理固化的或可灵活配置的模板,并界定组织结构、工作内容、工作流程和工作指引的能力。

7) 整合项目管理,具备**服务内容**大部分阶段生命周期管理、**项目管理阶段**和**项目管理主题**全面内容整合项目管理的数据输入、输出和向下穿透,进行分析、预警、绩效管理和决策的能力。

8) 整合履约管理,具备**服务内容**大部分阶段生命周期管理、**项目管理阶段**和**项目管理主题**全面内容整合管理的履约数据对接经营管理的能力。

9) 整合生产管理,具备**服务内容**大部分阶段生命周期管理、**项目管理阶段**和**项目管理主题**全面内容整合管理数据对接生产作业平台、数字化工具及其文件、图纸、数字模型的能力。

6.2.2.5 生态级(5 级)

1) 管理要素,具备**服务内容**全生命周期管理、**项目管理阶段**和**项目管理主题**全面内容的数据输入和输出,并进行智能辅助分析、预警/预测、绩效管理、决策和数据开放服务的能力。

2) 管理模板,具备**服务内容**全生命周期管理、**项目管理阶段**和**项目管理主题**全面内容固化的或可灵活配置的管理模板,支持**项目集合**的项目组合、项目集、项目、子项目组合、子项目集、子项目,并界定组织结构、工作内容、工作流程、工作指引和数据开放服务的能力。

3) 履约管理,具备**服务内容**全生命周期管理、**项目管理阶段**和**项目管理主题**全面内容的履约数据对接经营管理数据开放服务的能力。

4) 生产管理,具备**服务内容**全生命周期管理、**项目管理阶段**和**项目管理主题**全面内容的数据对接生产作业平台、数字化工具及其文件、图纸、数字模型数据开放服务的能力。

5) 整合管理要素,具备**服务内容**全生命周期管理、**项目管理阶段**和**项目管理主题**全面内容整合管理的数据输入和输出,并进行分析、预警/预测、绩效管理、决策和数据开放服务的能力。

6) 整合管理模板,具备**服务内容**全生命周期管理、**项目管理阶段**和**项目管理主题**全面内容整合管理固化的或可灵活配置的模板,并界定组织结构、工作内容、工作流程、工作指引和数据开放服务的能力。

7) 整合项目管理,具备**服务内容**全生命周期管理、**项目管理阶段**和**项目管理主题**全面内容整合项目管理的数据输入、输出和向下穿透,进行智能辅助分析、预警/预测、绩效管理、决策和数据开放服务的能力。

8）整合履约管理，具备**服务内容**全生命周期管理、**项目管理阶段**和**项目管理主题**全面内容整合管理的履约数据对接经营管理数据开放服务的能力。

9）整合生产管理，具备**服务内容**全生命周期管理、**项目管理阶段**和**项目管理主题**全面内容整合管理的数据对接生产作业平台、数字化工具及其文件、图纸、数字模型数据开放服务的能力。

6.3 生产作业

6.3.1 能力因子

生产作业管理数字化能力因子，主要包括：工程测量、工程勘察、监测测试、协同设计、文档协作、造价管理、档案管理、成果交付、施工配合、安全管理、信息集成共享 11 个能力因子。

1）工程测量，指工程项目中进行的各种测量工作，主要包括地球空间（地面、地下、水下、空中）具体几何实体、抽象几何实体的测量描绘。

2）工程勘察，指为满足工程建设的规划、设计、施工、运营及综合治理等需要，对地形、地质及水文等状况进行测绘、勘探测试，并提供相应成果和资料的活动。

3）监测测试，指对某个系统、设备或过程进行连续或定期的监测和测试，以评估其性能、状态或变化的过程。通常用于确保系统、设备或过程在正常工作条件下运行，并及时发现潜在问题的活动。

4）协同设计，指两个或两个以上的主体应用同一设计工具在同一或不同的域，通过约定的信息交互、应用流程和任务管理机制，分别执行不同的设计任务，共享设计数据和设计状态，最终共同完成设计目标的设计组织方式。

5）文档协作，指两个或两个以上的主体应用同一文档编辑工具在同一或不同的域，通过约定的信息交互、应用流程和任务管理机制，分别执行不同的设计任务，共享文档数据和文档状态，最终共同完成文档编辑目标的文档编辑组织方式。

6）造价管理，指工程项目造价的编制作业、流程和信息管理。

7）档案管理，指工程档案和企业管理档案的收集、整理、保管、统计、利用、系统管理、传统载体档案辅助管理。

8）成果交付，指设计服务产品以纸质、扫描电子文档、数字化图纸、数字模型等载体形式输出的流程管理、输出成果，以及成果交付给委托方或第三方的作业、流程和数据管理。

9）施工配合，指工程勘察设计服务配合项目建设施工的相关作业、流程、数据管理和利用。

10）安全管理，指工程勘察设计工程测量、工程勘察、监测测试的作业，施工配合服务相关人员、环境、设备、物料和操作等安全风险识别和管控，管理计划、管理制度、应急预案制定与实施，教育培训、监督检查、事件处理等管理。

11）信息集成共享，指工程勘察设计服务项目通过生产作业平台、数字化工具集成项目文件、图纸、数字模型和工程实体信息实现项目信息共享的管理。

6.3.2 能力水平

6.3.2.1 初始级（1 级）

1）工程测量，具备基本的数字化采集、数据处理、应用及其分析和利用的能力。

2）工程勘察，具备基本的数字化采集、数据处理、应用及其分析和利用的能力。

3）监测测试，具备基本的数字化采集、数据处理、应用及其分析和利用的能力。

4）协同设计，具备单机进行二维、三维设计，以及基本的网络存储和文件交互的能力。

5）文档协作，具备单机编辑，以及基本的网络存储和文件交互的能力。

6）造价管理，具备使用二维图纸造价软件开展造价编制，以及基本的网络存储和文件交互的能力。

7）档案管理，具备纸质档案归档与扫描电子文件，以及基本的网络存储和管理的能力。

8）成果交付，具备以纸质形式和扫描电子文件形式交付成果的能力。

6.3.2.2 **局部级（2级）**

1）工程测量，具备数字化采集、数据处理、成果输出、档案管理，并能在生产中得到大部分应用的能力。

2）工程勘察，具备数字化采集、数据处理、成果输出、档案管理，并能在生产中得到大部分应用的能力。

3）监测测试，具备数字化采集、数据处理、成果输出、档案管理，并能在生产中得到大部分应用的能力。

4）协同设计，具备单机进行二维、三维设计、BIM 翻模，以及局部用户群体实现网络文件存储和交互管理的能力。

5）文档协作，具备局部用户群体在线编辑，支持批注、修订、快速定位和修订内容提取，支持文档不同区域设置查看、隐藏和编辑权限，网络文件存储，以及文档线上签署管理的能力。

6）造价管理，具备使用二维图纸造价软件开展概算造价编制，以及局部用户群体实现网络存储和文件交互的能力。

7）档案管理，具备通过线下操作，在 PDF 文件上签名签章，完成后在网络存储并管理的能力。

8）成果交付，具备 PDF 签名签章电子文件网盘交付和纸质形式线下交付的能力。

6.3.2.3 **系统级（3级）**

1）工程测量，具备数字化采集、数据处理、成果输出、档案管理，以及通过应用系统进行数据管理、分析与管控，并在生产中得到大部分应用的能力。

2）工程勘察，具备数字化采集、数据处理、成果输出、档案管理，以及通过应用系统进行数据管理、分析与管控，并在生产中得到大部分应用的能力。

3）监测测试，具备数字化采集、数据处理、成果输出、档案管理，以及通过应用系统进行数据管理、分析与预警，并在生产中得到大部分应用的能力。

4）协同设计，具备协同设计平台，支持多种 CAD 软件、插件和输出格式，支持多种 CAD 辅助工具；支持二维图纸协同设计作业和流程管理的系统应用，满足作业灵活性、管控规范性的需求；支持部分开展 BIM 三维协同设计、BIM 模型翻模和三维模型审核作业和流程管理系统应用的能力。

5）文档协作，具备文档协作平台及基本的业务文档模板，支持多人在线协同编辑，支持批注、修订、快速定位和修订内容提取，支持批量操作插入、删除、填充、替换，并保持数据的一致性，支持文档不同区域设置查看、隐藏和编辑权限，具备作业灵活性、管控规范性的能力。

6）造价管理，具备造价编制平台，支持使用二维图纸、部分 BIM 模型开展投资估算、概算、施工图预算、变更管理、验工计价、竣工决算的能力。

7）档案管理，具备档案管理作业平台，对接协同设计、文档协作、造价管理等主要生产业务平台实现设计图纸、设计文本、计算书等设计成果文件及主要依据性文件的归档；具备归档内容的四性（真实性、完整性、可用性和安全性）检测能力，并按照权限和保密等管理要求进行档案信息检索和再利用的能力。

8）成果交付，具备PDF签名签章数字化成果输出、图文实物交付任务管理、数字化产品交付管理系统应用的能力。

9）施工配合，具备施工配合作业平台，将项目管理要求、设计文件、图纸、数字模型对照工地现场的施工内容、进度、质量等情况进行跟踪、验收、改进和记录的能力。

10）安全管理，具备安全管理风险识别和控制、管理制度、教育培训、安全设施配备、安全作业、现场管理、应急预案、监督检查、事件处理等管理的能力。

6.3.2.4 成熟级(4级)

1）工程测量，具备数字化采集、数据处理、成果输出、档案管理的系统应用能力，以及通过平台进行数据管理、分析与管控，基本实现各专业平台间数据的互联互通、数据共享和数据集成，并在生产中得到应用，形成数字产品，产生一定数字经济的能力。

2）工程勘察，具备数字化采集、数据处理、成果输出、档案管理，以及通过平台进行数据管理、分析与管控，基本实现各专业平台间数据的互联互通、数据共享和数据集成，并在生产中得到应用形成数字产品，产生一定数字经济的能力。

3）监测测试，具备数字化采集、数据处理、成果输出、档案管理，以及通过平台进行数据管理、分析与预警，基本实现各专业平台间数据的互联互通、数据共享和数据集成，并在生产中得到应用形成数字产品，产生一定数字经济的能力。

4）协同设计，具备协同设计平台，支持多种CAD软件、插件和输出格式，支持多种CAD辅助工具，支持二维设计、BIM等三维设计，BIM数据能够反映设计产品主要内容、能够实现二维、三维设计线上流程管理的能力。

5）文档协作，具备文档协作平台及丰富的业务文档模板，支持多人在线协同编辑，支持批注、修订、快速定位和修订内容提取，支持批量操作插入、删除、填充、替换，以及保持数据一致性，支持文档不同区域设置查看、隐藏和编辑权限，支持作业灵活性、管控规范性，支持规范标准的引用和自动检查的能力。

6）造价管理，具备造价编制平台，支持使用二维图纸、BIM模型开展投资估算、概算、施工图预算、变更管理、验工计价、竣工结算的能力；具备造价模板库、指标库管理，并能够实时调用、引用模板和指标生成计算结果、自动分析造价指标的能力。

7）档案管理，具备档案管理作业平台，对接生产业务系统实现设计图纸、设计文本、计算书、计算模型、BIM模型等设计成果及主要依据性文件的归档；具备归档内容的四性检测能力，并按照权限和保密等管理要求进行档案信息检索和再利用的能力。

8）成果交付，具备PDF签名签章数字化成果输出的系统应用；具备图文实物交付任务管理、制作文件编排和自动打印、快递发送和签收信息的数字化管理流程闭环，具备数字化产品通过企业网盘安全交付的能力。

9）施工配合，具备施工配合作业平台和施工现场采集工具，将项目管理要求、设计文件、图纸、数字模型对照工地现场采集工具采集整合的施工内容、进度、质量等情况进行跟踪、验收、改进和记录的能力。

10）安全管理，具备安全管理风险识别和控制、管理计划、管理制度、教育培训、安全设施配备、安全作业、现场管理、应急预案、监督检查、事件处理、事件库等管理的能力。

11）信息集成共享，具备工程勘察设计服务项目生产作业平台、数字化工具集成和共享项目文件、图纸、数字模型及其信息、施工建造信息共享管理的能力。

6.3.2.5 生态级(5 级)

1) 工程测量,能够进行数字化采集、数据处理、成果输出,以及通过平台进行数据管理、分析与管控,实现各专业平台间数据的互联互通、数据共享和数据集成,并在生产中得到应用,形成数字产品产生数字经济,数字化全面服务于客户、市场、行业,形成产业数字化的能力。

2) 工程勘察,能够进行数字化采集、数据处理、成果输出,以及通过平台进行数据管理、分析与管控,实现各专业平台间数据的互联互通、数据共享和集成,并在生产中得到应用,形成数字产品产生数字经济,数字化全面服务于客户、市场、行业,形成产业数字化的能力。

3) 监测测试,能够进行数字化采集、数据处理、成果输出,以及通过平台进行数据管理、分析与预警,实现各专业平台间数据的互联互通、数据共享和数据集成,并在生产中得到应用,形成数字产品产生数字经济,数字化全面服务于客户、市场、行业,形成产业数字化的能力。

4) 协同设计,具备全面的三维协同设计作业平台,支持全面开展 BIM 三维协同设计,BIM 数据全面反映设计产品内容,上下游数据贯通,实现局部智能化设计的能力。

5) 文档协作,具备文档协作平台,支持多人在线协同编辑,支持批注、修订、快速定位和修订内容提取,支持批量操作插入、删除、填充、替换并保持数据一致性,支持不同区域设置查看、隐藏和编辑权限,支持作业灵活性、管控规范性,采用行业大语言模型进行文档协作、AI 生成和智能排版的能力。

6) 造价管理,具备造价编制平台,全面开展 BIM 模型投资估算、概算、施工图预算、变更管理、验工计价、竣工结算;具备造价模板库、指标库管理,并能够实时调用、引用模板和指标生成计算结果、自动分析造价指标,造价数据上下游贯通的能力。

7) 档案管理,具备档案管理作业平台,对接主要生产业务系统实现设计图纸、设计文本、计算书、计算模型、BIM 模型等设计成果及主要依据性文件的归档,具备数字化产品信息检索并按照权限和保密等管理要求再利用的能力。

8) 成果交付,具备 PDF 签名签章数字化成果输出的系统应用;具备图文实物交付任务管理、制作文件编排和自动打印、快递发送和签收信息的数字化管理流程闭环;具备数字化产品通过企业网盘、数据开放服务平台等方式满足安全交付的能力。

9) 施工配合,具备施工配合作业平台和施工现场采集工具,将数字孪生对照工地现场采集工具采集整合的施工内容、进度、质量等情况进行跟踪、验收、改进和记录的能力。

10) 安全管理,具备安全管理风险识别和控制、管理计划、管理制度、教育培训、安全设施配备、安全作业、现场管理、安全预警、应急预案、监督检查、事件处理、事件库和文化建设等管理的能力。

11) 信息集成共享,具备工程勘察设计服务项目生产作业平台、数字化工具、数据和文件开放服务平台集成和共享项目数字孪生,支持产业链多方生产协作、数据和文件交互共享的能力。

7 管理支撑

7.1 综合管理

7.1.1 能力因子

综合管理数字化能力因子,主要包括:公共信息、即时通信、审批流程、待办事项、文件管理、任务协同、日程管理、会议管理8个能力因子。

1）公共信息，指在企业组织内部向企业组织全体或部分成员发布的相关信息，以及企业经营管理需要向社会发布的必要信息。

2）即时通信，一种实时通信技术，允许用户通过互联网或其他网络连接进行即时消息传递，通信内容通常包括文本、语音和视频聊天。

3）审批流程，指一系列有序的步骤或程序，用于完成审批过程，通常包括提交、审核、批准、记录等环节。

4）待办事项，指对尚未处理的、需要关注和完成的任务或事项，由信息系统等方式推送给用户处理。

5）文件管理，指对文件进行组织、存储、检索、维护和保护的过程。文件管理的主要目标是确保文件的安全、完整和有序高效利用。它涉及许多方面，如文件格式、存储设备、数据结构、软件工具、管理权限等。

6）任务协同，指两个或者两个以上的不同主体，通过有效沟通和协作，协同一致地共同完成某一任务的过程。

7）日程管理，指通过使用日历或日程表来安排工作计划、记录日常任务和活动的过程。帮助人们有效地规划时间，提高工作效率，并确保不会错过重要的日期和事件。

8）会议管理，指与会议举办相关的管理系统、资源和服务，主要包括会议的组织、会议室及其服务的预定、会议室资源管理、会议室引导等功能。

7.1.2 能力水平

7.1.2.1 初始级(1级)

1）公共信息，具备对企业组织内部公共信息收集、处理、发布和传递，以及对部分自动识别发布的信息的查看需求和权限管理的能力。

2）即时通信，具备企业组织内部安全可控的即时通信环境，以及支持单聊、群聊的能力。

3）审批流程，具备企业组织内部综合管理流程的基本功能。

4）待办事项，具备企业组织内部用户待办任务的基本功能。

7.1.2.2 局部级(2级)

1）公共信息，具备对企业组织内部公共信息收集、处理、发布和传递，以及职能部门自动识别发布信息查看需求、权限管理的能力。

2）即时通信，具备企业组织内部安全可控的即时通信环境，以及支持单聊、群聊、音视频、视频会议系统的能力。

3）审批流程，具备对企业组织内部综合管理流程的基本功能，以及统计和分析的能力。

4）待办事项，具备对企业组织内部用户待办任务的基本功能，以及待办通知、提醒、催办和处理的能力。

5）文件管理，具备对企业组织内部各类文件进行组织、发布、存储、检索、维护和保护、授权使用的能力。

6）任务协同，具备基于企业局部组织两个或者两个以上的不同个体，通过系统工具有效地进行沟通和协作、协同一致地完成某一任务管理的能力。

7.1.2.3 系统级(3级)

1）公共信息，具备对企业组织内部公共信息收集、处理、发布和传递，以及自动识别发布信息查看需求、权限管理的能力。

2）即时通信，具备企业组织内部、外部业务方安全可控的即时通信环境，支持单聊、群聊、音视频、视频会议系统的能力。

3）审批流程，具备对企业组织内部综合管理流程系统的功能，以及全周期管理、统计和分析的能力。

4）待办事项，具备对企业组织内部用户待办任务内容管理、待办通知、提醒、催办和处理，以及统计和分析的能力。

5）文件管理，具备对企业组织内部、外部业务方各类文件进行组织、发布、存储、检索、维护和保护、授权使用管理的能力。

6）任务协同，具备对企业组织内部两个或者两个以上的不同个体，通过系统工具有效地进行沟通和协作、协同一致地完成某一任务管理的能力。

7）日程管理，具备对企业组织内部以任务树、工作计划为核心，满足企业用户对于日常工作内容安排管理，以及具备提醒、指导、监督、共享的能力。

8）会议管理，具备对企业内部会议的组织、会议室及其服务的预定、会议室资源管理、会议室引导等的能力。

7.1.2.4 成熟级(4级)

1）公共信息，具备对企业组织内部、分公司、第三方派驻机构公共信息收集、处理、发布和传递，以及自动识别发布信息查看需求、权限管理的能力。

2）即时通信，具备对企业组织内部、分公司、第三方派驻机构、外部业务方安全可控的即时通信环境，支持单聊、群聊、音视频、视频会议系统的能力。

3）审批流程，具备对企业组织内部、分公司、第三方派驻机构综合管理流程系统的功能，以及全周期管理、统计和分析的能力。

4）待办事项，具备对企业组织内部、分公司、第三方派驻机构用户待办任务内容管理、待办通知、提醒、催办、处理，以及统计和分析的能力。

5）文件管理，具备对企业组织内部、分公司、第三方派驻机构各类文件进行组织、发布、存储、检索、维护和保护、授权使用的能力。

6）任务协同，具备对企业组织内部、分公司两个或者两个以上的不同个体，通过系统工具有效地进行沟通和协作，协同一致地完成某一任务的能力。

7）日程管理，具备对企业组织内部、分公司、第三方派驻机构以任务树、工作计划为核心，满足企业用户对于日常工作内容安排的管理，以及具备提醒、指导、监督、共享的能力。

8）会议管理，具备对企业组织内部、分公司、第三方派驻机构会议的组织、会议室及其服务的预定、会议室资源管理、会议室引导的能力。

7.1.2.5 生态级(5级)

1）公共信息，具备对企业组织内部、分公司、第三方派驻机构、上级公司、控股公司、其他干系人公共信息收集、处理、发布和传递的功能，以及自动识别发布信息查看需求、权限的数字化管理的能力。

2）即时通信，具备对企业组织内部、分公司、第三方派驻机构、上级公司、控股公司、其他干系人安全可控的即时通信环境，以及支持单聊、群聊、音视频、视频会议系统的能力。

3）审批流程，具备对企业内部、分公司、第三方派驻机构、上级公司、控股公司、其他干系人综合管理流程的卓越功能，以及全周期管理、统计和分析的能力。

4）待办事项，具备对企业内部、分公司、第三方派驻机构、上级公司、控股公司、其他干系人用户待办任务内容管理,以及待办通知、提醒、催办、处理、统计和分析的能力。

5) 文件管理,具备对企业内部、分公司、第三方派驻机构各类文件进行组织、存储、检索、维护和保护、授权使用的数字化管理能力;具备上级公司、控股公司和其他干系人各类文件进行检索、保护、授权使用的能力。

6) 任务协同,具备对企业内部、分公司、第三方派驻机构、上级公司、控股公司、其他干系人两个或者两个以上的不同个体,通过系统工具有效地进行沟通和协作、协同一致地完成某一任务的能力。

7) 日程管理,具备对企业内部、分公司、第三方派驻机构、上级公司、控股公司、其他干系人以任务树、工作计划为核心,满足企业用户对于日常工作内容安排的管理,具备提醒、指导、监督、共享的能力。

8) 会议管理,具备对企业内部、分公司、第三方派驻机构、上级公司、控股公司、其他干系人会议的组织、会议室及其服务的预定、会议室资源管理、会议室引导的的能力。

7.2 知识管理

7.2.1 能力因子

知识管理数字化能力因子,主要包括:知识积累、知识分类、知识搜索、知识统计、知识推送、知识融合、知识创新 7 个能力因子。

1) 知识积累,指在组织或个人的学习、研究和实践过程中逐渐积累的各种知识和经验形成的知识,以及相关过程中形成的能力。主要包括能够形成标准知识模板、成果线上化的能力,基于业务自动采集的知识及其采集能力,基于互联网、邮件等自动采集的知识及其采集能力。

2) 知识分类,指组织或个人利用各种工具、技术和流程对不同类型的知识进行的规范管理,主要包括对知识进行分类、标签和编码,形成知识结构树或职能组,以及形成知识资源库。

3) 知识搜索,指利用信息技术工具和平台,在各种知识资源中进行检索,以获取所需知识信息的过程。包括基于搜索引擎的关键字检索、模糊检索和智能检索的能力。

4) 知识统计,指利用数据分析方法对知识领域相关指标、数据和信息进行统计、分析和呈现的过程。

5) 知识推送,指通过信息化系统和工具,根据用户的关注领域、需求和个性化特征,向其推送相关知识内容的过程。包括能够基于知识管理平台人为定制相关知识内容推送,根据个人项目情况智能推荐,推送相关知识内容。

6) 知识融合,指将不同来源、不同形式的知识内容进行整合、融合和协同,以创造新的知识价值或解决问题的过程。例如,基于知识管理平台,建立知识资源智能化和智能化管理的算法模型及机制,具有知识整合、分析融合的能力。

7) 知识创新,指通过对现有知识的整合、变革和应用,创造出新的知识、新的想法或新的解决方案的过程。包括结合智能化技术,构建知识的迭代与创新,实现智能创作、智能审查、智能问答等。

7.2.2 能力水平

7.2.2.1 初始级(1 级)

1) 知识积累,具备对本地化标准知识模板、设计成果管理的能力。

2) 知识分类,具备对知识进行分类、对不同类型的知识文档进行共享文件管理的能力。

7.2.2.2 局部级(2级)

1）知识积累,具备对形成的标准知识模板、设计成果管理的能力。

2）知识分类,具备对知识进行分类、标签和编码,并对形成的知识结构树或职能组管理的能力。

3）知识搜索,具备基于知识分类和标签进行检索的能力。

4）知识统计,具备基于企业局部组织知识领域的数据、指标进行统计和分析的能力。

7.2.2.3 系统级(3级)

1）知识积累,具备基于业务系统采集知识资源的能力。

2）知识分类,具备对知识进行分类、标签和编码,并通过知识资源平台管理,形成知识资源库的能力。

3）知识搜索,具备基于知识分类和标签、索引和排序进行检索的能力。

4）知识统计,具备基于知识管理平台对知识领域的数据、指标进行统计和分析的能力。

5）知识推送,具备基于知识管理平台订阅相关知识内容推送的能力。

7.2.2.4 成熟级(4级)

1）知识积累,具备基于业务系统、互联网、邮件等自动化采集不同来源知识资源的能力。

2）知识分类,具备对知识进行分类、标签和编码,并通过知识资源平台管理自动形成知识资源库的能力。

3）知识搜索,具备基于全文索引和排序的模糊检索的能力。

4）知识统计,具备基于知识管理平台自动化建立知识关联,并对知识领域的数据、指标进行统计和分析的能力。

5）知识推送,具备基于知识管理平台根据个人知识搜索等知识应用情况自动推送相关知识内容的能力。

6）知识融合,具备基于知识管理平台知识关联的结构化、非结构化数据和异构数据,以及多模态数据的知识整合和分析融合能力。

7.2.2.5 生态级(5级)

1）知识积累,具备基于业务系统、互联网、邮件等自动化、智能化手段采集不同来源知识资源的能力。

2）知识分类,具备对知识进行分类、标签和编码,并通过知识资源平台管理自动、智能形成知识资源库的能力。

3）知识搜索,具备基于自然语言处理、机器学习、数据挖掘技术的智能检索的能力。

4）知识统计,具备基于知识管理平台自动化、智能化建立知识图谱,并对知识领域和知识创新成果的数据、指标进行统计和分析的能力。

5）知识推送,具备基于知识管理平台根据个人业务情况智能推送相关知识内容的能力。

6）知识融合,具备基于知识管理平台知识资源智能化、智能化管理算法模型及机制,以及知识整合和分析融合的能力。

7）知识创新,具备结合智能化技术,构建知识的迭代与创新,实现智能创作、智能审查、智能问答等方面的能力。

7.3 人力资源

7.3.1 能力因子

人力资源管理数字化能力因子,主要包括:组织架构、岗位职级、人事管理、职称管理、招聘管理、培训管理、时间管理、绩效管理、薪酬管理、人才画像、人才发展、人力资本、自助服务 13 个能力因子。

1）组织架构，指企业整体的结构，规定了企业不同部门、不同岗位之间权责关系的构成与配置，符合企业管理要求、管控定位和业务特征等。

2）岗位职级，指在企业组织架构中某一个岗位及其等级应当承担的工作任务和职责。它规定了不同岗位的主要工作任务、职责权限和岗位关系等。

3）人事管理，指对企业人员的基础人事、职业/职业资格、人员使用、业绩情况、人员能力信息的管理。

4）职称管理，指对技术人员的专业技术职务进行评定、晋升和聘任等全过程的管理。

5）招聘管理，指对企业所需的人力资源开展招募、选拔、录用、评估等一系列活动，通过系统化和科学化管理保证企业具备一定数量和质量的员工队伍，以满足企业发展的需要。

6）培训管理，指根据企业或行业执业/职业发展或管理需要，以提高人员知识、技能、行为或态度等方面综合素质为目的，有计划、有组织地开展培训或学习的管理。

7）时间管理，指对企业员工的工作时间进行管理，以帮助企业确保人力资源的有效性。主要包括：考勤、排班、加班、出差和休假等信息管理、数据统计和规则管理。

8）绩效管理，指各级管理者和员工为了达到企业目标，开展绩效计划制定、绩效辅导沟通、绩效考核评价、绩效结果应用和绩效目标提升等活动，不断迭代更新的管理过程。

9）薪酬管理，指在组织发展战略下，对员工薪酬支付原则、薪酬策略、薪酬水平、薪酬结构、薪酬构成进行确定、分配和调整的动态管理过程。

10）人才画像，指基于岗位对人才原型进行生动、具体的描述。包括知识、技能、价值观、自我形象和个人特质等方面的特征描绘。

11）人才发展，指企业对人才规划、人才招募、人才评估和甄选、人才配置、能力发展和关键人才激励的管理。

12）人力资本，指存在于个人之中具有经济价值的知识、技能和体力等劳动能力，主要体现在人才质量、知识水平和创新能力等方面对企业的价值贡献。

13）自助服务，指人力资源信息和管理流程开放给员工、管理者进行自主化、自动化服务办理的方式。

7.3.2 能力水平

7.3.2.1 初始级（1 级）

1）组织架构，具备对企业内部行政提供最基本的服务、统计和分析的能力。

2）岗位职级，具备对企业内部行政提供最基本的服务、统计和分析的能力。

3）人事管理，具备对企业内部基础人事、执业/职业资格提供最基本的管理、统计和分析的能力。

4）职称管理，具备对企业内部职称管理，以及申报信息、评定结果发布的能力。

7.3.2.2 局部级（2 级）

1）组织架构，具备对企业内部行政、技术、生产提供服务、统计和分析的能力。

2）岗位职级，具备对企业内部行政、技术、生产提供服务、统计和分析的能力。

3）人事管理，具备对企业内部基础人事、执业/职业资格进行管理、统计和分析的能力。

4）职称管理，具备对企业内部技术职称信息进行管理、统计和分析的能力。

5）招聘管理，具备对企业内部招聘信息发布、录用信息进行管理、统计和分析的能力。

6）培训管理，具备对企业内部执业/职业、生产关键岗位进行培训、统计和分析的能力。

7）绩效管理，具备对企业内部绩效管理，以及对组织和员工绩效考核的能力。

7.3.2.3 **系统级（3级）**

1）组织架构，具备对企业内部组织架构体系管理，以及对行政、技术、生产和项目提供服务、统计和分析的能力。

2）岗位职级，具备对企业内部岗位职级体系管理，以及对行政、技术、生产和项目提供服务、统计和分析的能力。

3）人事管理，具备对企业内部人事管理体系管理，以及对基础人事、执业/职业资格信息及其生命周期的管理、统计和分析的能力。

4）职称管理，具备对企业内部职称体系管理，以及对申报信息、评定结果发布全生命周期管理、统计和分析的能力。

5）招聘管理，具备对企业内部招聘体系管理，以及对招聘信息发布、简历信息管理、录用信息管理及其与人事管理信息贯通的生命周期管理、统计和分析的能力。

6）培训管理，具备对企业内部培训体系管理，以及对各类岗位职级、执业/职业岗位培训信息管理、培训实施作业过程管理的能力。

7）绩效管理，具备对企业内部绩效体系管理，以及对组织和员工绩效管理、统计和分析的能力。

8）薪酬管理，具备对企业内部薪酬体系管理，以及对岗位职级基本薪酬进行管理、统计和分析的能力。

9）自助服务，具备对企业内部员工和管理者人力资源管理信息和流程自助服务的能力。

7.3.2.4 **成熟级（4级）**

1）组织架构，具备对企业内部、分公司、第三方派驻机构进行组织架构体系管理，以及对行政、技术、生产和项目提供服务、统计和分析的能力。

2）岗位职级，具备对企业内部、分公司、第三方派驻机构进行岗位职级体系管理，以及对行政、技术、生产和项目提供服务、统计和分析的能力。

3）人事管理，具备对企业内部、分公司、第三方派驻机构的人事管理体系管理，以及对基础人事、执业/职业资格、能力水平、人员业绩的全域信息、流程及其生命周期管理、统计和分析的能力。

4）职称管理，具备对企业内部、分公司的职称体系管理，以及对组织申报、评定、结果发布全生命周期管理、统计和分析的能力。

5）招聘管理，具备对企业内部、分公司的招聘体系管理，以及对人才宣传、招聘管理及其与人事管理信息贯通的生命周期管理的能力。

6）培训管理，具备对企业内部、分公司、第三方派驻机构的培训体系管理，以及对各类岗位职级、执业/职业培训信息管理、培训实施作业过程管理的能力；具备对内部各组织和层级培训管理的能力。

7）时间管理，具备对企业内部、分公司、第三方派驻机构的时间体系管理，以及对员工考勤、排班、加班、出差和休假信息管理、汇总、统计和分析的能力。

8）绩效管理，具备对企业内部、分公司、第三方派驻机构的绩效体系管理，以及对组织和员工客观绩效信息自动化、主观信息评价流程管理的能力。

9）薪酬管理，具备对企业内部、分公司的薪酬体系管理，以及绩效信息、薪酬核算、员工薪酬档案、社保信息和税务信息集成应用的能力。

10）人才画像，具备对企业内部、分公司、第三方派驻机构的人员能力体系管理，以及对人员能力画像、人力资源业务匹配优选的能力。

11）人才发展，具备对企业内部、分公司的人才体系管理，以及对人才规划、人才招募、人才评估和甄选、人才配置、能力发展和关键人才激励管理的能力。

12）自助服务，具备对企业内部、分公司、第三方派驻机构的员工和管理者人力资源管理信息和流程提供自助服务的能力。

7.3.2.5 生态级(5级)

1）组织架构，具备对企业内部、分公司、第三方派驻机构、上级公司关键用户、控股公司、参股公司关键用户和其他干系人进行组织架构体系管理，以及对行政、技术、职能、生产和项目全域服务的能力，能够打破组织的壁垒，满足在纵向或横向系统对接贯通的需求，满足集团化及关联组织贯通的需求，满足外部合作或产业链扩展的需求。

2）岗位职级，具备对企业内部、分公司、第三方派驻机构、上级公司关键用户、控股公司、参股公司关键用户和其他干系人进行岗位职级体系管理，以及对行政、技术、职能、生产和项目全域服务，在纵向或横向系统对接的能力。

3）人事管理，具备对企业内部、分公司、第三方派驻机构、上级公司关键用户、控股公司、参股公司和其他干系人组织的人事体系管理，以及对基础人事、执业/职业资格、能力水平、人员业绩的全域信息、流程及其生命周期管理、统计和分析，在纵向或横向系统对接的能力。

4）职称管理，具备对企业内部、分公司、控股公司和参股公司技术职称体系管理，以及对组织申报、评定、结果发布全生命周期管理、统计和分析的能力。

5）招聘管理，具备对企业内部、分公司、控股公司和参股公司招聘体系管理，以及对人才宣传、招聘管理及其与人事管理信息贯通的生命周期管理的能力。

6）培训管理，具备对企业内部、分公司、第三方派驻机构、控股公司和参股公司的培训体系管理，以及对各类岗位职级培训、执业/职业资格培训和拓展培训的能力；具备对内部各组织和层级培训管理的能力；具备内部与外部培训信息管理贯通的能力；具备对培训实施作业过程管理和服务自助化、智能化的能力。

7）时间管理，具备对企业内部、分公司、第三方派驻机构、控股公司和参股公司时间体系管理，以及对员工考勤、排班、加班、出差和休假信息管理、汇总、统计和分析的能力。

8）绩效管理，具备对企业内部、分公司、第三方派驻机构、控股公司和参股公司绩效体系管理，以及对组织和员工客观绩效信息智能化、主观信息评价流程管理的能力。

9）薪酬管理，具备对企业内部、分公司、控股公司和参股公司薪酬体系管理，以及对组织和员工绩效信息、薪酬核算、员工薪酬档案、社保信息和税务信息集成应用的能力。

10）人才画像，具备对企业内部、分公司、控股公司和参股公司的人员能力体系管理，以及人员能力画像评价、人力资源业务匹配优选的能力。

11）人才发展，具备对企业内部、分公司、第三方派驻机构、控股公司和参股公司人才发展体系管理，以及对企业人才规划、人才招募、人才评估和甄选、人才配置、能力发展、关键人才激励管理的能力。

12）人力资本，具备对企业内部、分公司、第三方派驻机构、控股公司和参股公司人力资本体系管理，以及对公司人力资本、业务价值链人力资本分析和拓展的能力。

13）自助服务，具备对企业内部、分公司、第三方派驻机构、控股和参股公司员工和管理者人力资源管理信息和流程自助服务的能力。

7.4 财务管理

7.4.1 能力因子

财务管理数字化能力因子,主要包括:账务管理、资产管理、税务管理、预算管理、成本管理、资金管理、投融资管理、战略财务管理8个能力因子。

1) 账务管理,指企业日常的账务处理、凭证制作、票据管理、日常对账、支付与收款、费用核算、现金管理。
2) 资产管理,指企业实物资产、无形资产及其服务的管理。包括资产申领、申购、采购、验收、入库、报销,维护、折旧和摊销、处置、报废等生命周期管理、价值评估、风险管理,以及资产战略规划、管理策略、优化组合、创新管理。
3) 税务管理,指各类税款申报、合规性管理,跨税种管理,复杂税务业务处理,跨地区、跨境税务、国际税务政策管理。
4) 预算管理,指企业级、部门级年度预算和项目级预算的编制、执行、监控、滚动监测管理,以及战略预算、长期预算、预算与绩效、成本与效益的管理。
5) 成本管理,指企业级、部门级、项目级成本核算,以及分析和优化、目标成本管理、战略成本管理。
6) 资金管理,指现金流量、资金需求、流动性管理,支付执行和监控管理,资金运作效率优化,银行关系管理,跨境业务资金、外汇风险进行管理,资本预测和融资决策管理,资金管理与投融资决策结合,以及风险管理、应急管理。
7) 投融资管理,指债务融资、股权融资、组合投资等基础投融资管理,资本预算、融资策略管理、投资组合管理,跨国投融资管理、融资结构优化、战略投融资管理等。
8) 战略财务管理,指长期资本预算、资本结构规划、并购与重组、创新投资、企业估值和投资者关系、战略预算与绩效等管理。

7.4.2 能力水平

7.4.2.1 初始级(1级)

1) 账务管理,具备对企业日常账务处理、凭证制作、票据管理、日常对账、支付与收款、费用核算、现金管理的能力。
2) 资产管理,具备对企业固定资产申领、台账管理、折旧和摊销管理的能力。
3) 税务管理,具备对各类税款准时申报、合规性等基本税务管理的能力。

7.4.2.2 局部级(2级)

1) 账务管理,具备对企业日常的账务处理、凭证制作、票据管理、日常对账、支付与收款、费用核算、现金管理的能力。
2) 资产管理,具备对企业固定资产申领、台账管理、折旧和摊销管理的能力。
3) 税务管理,具备对各类税款申报、合规性等基本税务管理的能力。
4) 预算管理,具备对企业级、部门级预算的执行、监控管理的能力。
5) 成本管理,具备对企业级、部门级成本核算管理的能力。
6) 资金管理,具备对现金流量、资金需求和流动性管理的能力。

7.4.2.3 系统级(3级)

1) 账务管理,具备对企业日常的费用报销、账务处理、凭证制作、票据管理、日常对账、支付与收款、费用核算、现金管理的能力。

2）资产管理，具备对企业实物资产、无形资产和服务的管理，包括资产/服务申领、申购、采购、验收、入库、报销、维护、折旧、摊销、处置和报废等生命周期管理的能力。

3）税务管理，具备对各类税款申报、合规性和跨税种管理的能力。

4）预算管理，具备对企业级、部门级和项目级预算编制、执行和监控管理的能力

5）成本管理，具备对企业级、部门级和项目级成本监控、核算、分析和优化管理的能力。

6）资金管理，具备对现金流量、资金需求、流动性、支付执行和监控管理的能力。

7.4.2.4 成熟级（4级）

1）账务管理，具备对企业日常的费用报销、账务处理、凭证制作、票据管理、日常对账、支付与收款、费用核算、现金管理的能力。

2）资产管理，具备对企业实物资产、无形资产和服务的管理，包括资产/服务申领、申购、采购、验收、入库、报销、维护、折旧、摊销、处置和报废等生命周期管理，以及资产价值评估、风险管理的能力。

3）税务管理，具备对各类税款申报、合规性、跨税种和复杂税务管理的能力。

4）预算管理，具备对企业级、部门级和项目级预算编制、执行、监控和滚动监测管理，以及战略预算、长期预算、预算与绩效、成本与效益管理的能力。

5）成本管理，具备对企业级、部门级和项目级成本核算、控制、分析和优化管理，以及目标成本管理、战略成本管理的能力。

6）资金管理，具备对现金流量、资金需求、流动性、支付执行和监控管理，资金运作效率优化，银行关系管理，跨境业务资金管理，资本预测和融资决策管理，资金成本管理，战略资金管理，风险管理和应急管理的能力。

7）投融资管理，具备对债务融资、股权融资、组合投资等基础投融资管理，以及资本预算、融资策略管理和投资组合管理的能力。

7.4.2.5 生态级（5级）

1）账务管理，具备对企业日常的费用报销、账务处理、凭证制作、票据管理、日常对账、支付与收款、费用核算、现金管理的能力。

2）资产管理，具备对企业实物资产、无形资产和服务的管理，包括资产/服务申领、申购、采购、验收、入库、报销、维护、折旧和摊销、处置、报废等生命周期管理，以及资产价值评估、风险管理、战略规划、管理策略、优化组合和创新管理的能力。

3）税务管理，具备对各类税款申报、合规性、跨税种、复杂税务管理，以及跨地区税务、跨境税务、国际税务政策管理，跨国业务或跨国分支机构税务管理的能力。

4）预算管理，具备对企业级、部门级和项目级预算编制、执行、监控和滚动监测管理，以及战略预算、长期预算、预算与绩效、成本与效益管理的能力。

5）成本管理，具备对企业级、部门级、项目级成本核算、控制、分析和优化管理，以及目标成本、战略成本、产业链成本和价值链成本管理的能力。

6）资金管理，具备对现金流量、资金需求、流动性、支付执行和监控管理，资金运作效率优化管理，银行关系管理，跨境业务资金管理，资本预测和融资决策管理，资金成本管理，战略资金管理，风险管理和应急管理的能力。

7）投融资管理，具备对债务融资、股权融资、组合投资等基础投融资管理，以及资本预算、融资策略、投资组合，跨国投融资、融资结构优化、战略投融资等管理的能力。

8）战略财务管理，具备对企业长期资本预算、资本结构规划、分红政策制定、风险管理、融资决策、并购与重组、创新投资、企业估值和投资者关系，以及国际化战略、战略预算与绩效、财务危机与应变、战略资金规划、战略与财务报告等管理的能力。

7.5 科技质量

7.5.1 能力因子

科技质量管理数字化能力因子，主要包括：科研项目、质量体系、质量监督、技术标准、技术评审、评优创优、知识产权 7 个能力因子。

1）科研项目，指科研项目的项目申请、立项论证、组织实施、检查评估、验收鉴定、成果申报、科技推广、档案入卷的全过程管理。

2）质量体系，指质量控制组织的管理体系。它是一种系统的质量管理模式，旨在确保组织在实现质量目标的过程中，能够有效地控制和管理质量。

3）质量监督，指对产品、服务或过程的符合性、可靠性和一致性进行监控和验证，确保达到规定标准的管理活动。

4）技术标准，指对技术标准的制定、实施、监督和评估等全生命周期的管理。

5）技术评审，指按照规范的步骤对技术需求、功能验证、性能测试、安全性评估、代码审查、设计合理性分析及用户界面体验，确保技术方案可行、高效、稳定，满足项目需求。

6）评优创优，指一个企业或组织通过评估、比较和选择，以确定优秀个人、团队或项目，并通过创新和改进来提高业绩和效率的过程。

7）知识产权，指基于创造成果和工商标记依法产生的权利的统称，主要包括著作权、专利权和商标权。

7.5.2 能力水平

7.5.2.1 初始级（1 级）

1）科研项目，具备对企业科研项目立项、中期评估、结题验收信息管理的能力。

2）质量体系，具备对质量体系文件编制、审批、发布信息管理的能力。

3）质量监督，具备依据质量管理要求对产品进行检查和纠正管理的能力。

7.5.2.2 局部级（2 级）

1）科研项目，具备对企业科研项目立项、中期评估、结题验收生命周期管理的能力。

2）质量体系，具备对质量体系文件编制、审批、发布、执行、评估和更新生命周期管理的能力。

3）质量监督，具备依据质量管理要求对产品或服务过程进行检查和改进信息管理的能力。

4）技术标准，具备对技术标准编制、发布、实施、监督和评估信息管理的能力。

5）技术评审，具备企业按照评审标准对需评审项目的评审信息管理的能力。

7.5.2.3 系统级（3 级）

1）科研项目，具备对科研项目立项、中期评估、成果转化、结题验收、成果归档和成果利用全生命周期管理，以及科研成果内容管理的能力。

2）质量体系，具备对质量体系文件编制、审批、发布、执行、评估和更新全生命周期管理，以及质量体系文件内容管理的能力。

3）质量监督，具备依据质量管理要求对产品或服务过程进行检查、测量、记录、分析和改进全生命周期管理的能力。

4）技术标准，具备对技术标准规划、制定、发布、实施、监督、评估和更新全生命周期管理，以及技术标准成果内容管理的能力。

5）技术评审，具备企业按照评审标准对需评审项目的评审计划、组织、实施、出具评审全生命周期管理，以及技术评审成果内容管理的能力。

6）评优创优，具备企业按照评优方案和标准对评优工作的计划、组织、申报、评审、结果发布全生命周期管理，以及优秀成果内容管理的能力。

7）知识产权，具备对企业知识产权的申请、授权、维护和更新管理，以及知识产权内容管理的能力。

7.5.2.4 成熟级（4 级）

1）科研项目，具备对科研项目立项、中期评估、成果转化、结题验收、成果归档和应用推广全生命周期运营管理，以及科研成果和应用案例内容管理的能力。

2）质量体系，具备对质量管理体系文件编制、审批、发布、执行、评估和更新全生命周期管理，质量管理体系文件内容数字化，以及质量管理体系运营管理的能力。

3）质量监督，具备依据质量管理要求对产品或服务过程进行检查、测量、记录、分析和改进全生命周期运营管理，以及质量监督内容管理的能力。

4）技术标准，具备对技术标准规划、制定、发布、实施、监督、评估全生命周期运营管理，技术标准成果内容数字化，以及技术标准穿透到生产业务的信息系统管理的能力。

5）技术评审，具备企业按照评审标准对需评审项目的评审计划、组织、实施、出具评审报告全生命周期运营管理，以及技术评审内容数字化的能力。

6）评优创优，具备企业按照评优方案和标准对评优工作的计划、组织、信息发布、申报、评审、结果发布全生命周期运营管理，以及优秀成果内容数字化的能力。

7）知识产权，具备对企业知识产权管理体系、创造、申请授权、维护更新、权属管理、生产项目应用、价值评估和合规监控，以及知识产权内容数字化的能力。

7.5.2.5 生态级（5 级）

1）科研项目，具备对企业自拟、横向或纵向科研项目立项、中期评估、成果转化、结题验收、成果归档和应用推广全生命周期运营管理，以及科研成果和应用案例内容管理多方共创管理的能力。

2）质量体系，具备对质量管理体系文件编制、审批、发布、执行、评估全生命周期管理，质量管理体系文件内容数字化，以及质量管理体系运营穿透到生产业务的智能化管理的能力。

3）质量监督，具备依据质量管理要求对产品或服务过程进行检查、测量、记录、分析、改进全生命周期运营穿透到生产业务智能化管理，以及质量监督内容管理的能力。

4）技术标准，具备对技术标准规划、制定、发布、实施、监督、评估全生命周期运营管理，技术标准成果内容数字化，以及技术标准成果穿透到生产业务智能化应用的能力。

5）技术评审，具备企业按照评审标准对需评审项目的评审计划、组织、实施、出具评审报告全生命周期穿透到生产业务技术评审运营管理，以及技术评审案例内容数字化的能力。

6）评优创优，具备企业按照评优方案和标准对评优工作的计划、组织、信息发布、申报、评审、结果发布全生命周期运营对接奖项评选外部组织信息管理，以及优秀成果内容数字化展示管理的能力。

7）知识产权，具备对知识产权管理体系、创造、申请授权、维护更新、权属管理、生产项目应用、商业化、合同管理、价值评估和合规监控，以及知识产权内容数字化的能力。

7.6 数字化管理

7.6.1 能力因子

数字化管理能力因子,主要包括:管理组织、战略管理、规划管理、年度计划、需求管理、供应链管理、项目管理、使用管理、运维管理、标准管理、数字化管理知识库 11 个能力因子。

1)管理组织,指企业数字化管理的组织架构,按照管理制度和明确的职权分工进行组织活动,实现企业数字化管理的目标。

2)战略管理,指企业组织通过对企业发展的整体性、长期性、基本性考量的战略发展管理,包括企业数字化战略的制定、实施、变更和评估的管理。

3)规划管理,指企业组织通过对未来数字化发展的整体性、长期性、基本性考量的数字化发展管理,包括规划的制定、实施、变更和评估的管理。

4)年度计划,指企业依据战略发展、数字化规划,以及年度数字化需求形成的数字化建设和管理计划,包括计划的制定、实施、变更和评估的管理。

5)需求管理,指对数字化建设目的和内容的管理,包括需求的提出、评估、实施、后评估等过程管理,明确要做什么、为什么要做、做成什么样,是否能做,评估做得怎么样、如何改进,需求管理贯穿企业发展战略、数字化规划、年度计划、建设和管理项目。

6)供应链管理,指使供应链运作达到最优化,以合理的成本,实现供应链从采购开始,到满足最终客户需求的所有过程的管理。

7)项目管理,指对数字化建设项目的过程管理,包括项目前期研究、立项、可行性研究、选型或技术方案、采购、实施、验收、推广应用、后评估和退出等过程管理。

8)使用管理,指对数字化系统使用组织及其人员使用行为的管理,包括遵循使用义务、正确使用、责权对等和保密性的要求,实行权限管理、账号管理。

9)运维管理,指对数字化系统运行和维护的管理,包括对网络、设备、系统、备份和安全等日常巡检、系统监测、故障排除、事件管理、日志分析、权限管理、资源授权、运行数据分析、用户支持和服务,以及运维报告、运维资料、系统帮助等管理。

10)标准管理,指对数字化管理标准框架和标准的建立、执行、评估、更新和退出的管理,主要包括数字化标准框架、标准分类、管理标准、基础技术标准、业务数字化标准、应用资源标准、数据资源标准、安全保障标准和 IT 服务标准。

11)数字化管理知识库,指对数字化管理知识的规划、建设和应用的管理,包括基础设施、基础架构、应用与数据、数字运营技术,以及数字化管理的知识内容。

7.6.2 能力水平

7.6.2.1 初始级(1 级)

1)管理组织,具备企业数字化管理领导、运营管理的岗位职责和人员。

2)需求管理,具备初始项目建设目标和功能性需求管理的能力。

3)使用管理,具备用户权限管理、账号和密码安全管理的能力。

4)运维管理,具备保障数字化设施和系统正常运行、日常维护和用户服务的能力。

7.6.2.2 局部级(2 级)

1)管理组织,具备企业数字化管理领导、运营管理部门的岗位职责和人员。

2)年度计划,具备年度计划目标和分解计划及其内容、预算、组织、人员和进度等管理的能力。

3）需求管理，具备系统建设需求收集、分析和评估管理的能力。

4）供应链管理，具备对数字化建设供应商信息收集、评估、管理和服务评价的能力。

5）项目管理，具备系统建设前期研究、立项、选型、实施、验收和应用推广管理的能力。

6）使用管理，具备用户权限管理、账号和密码安全管理，以及保证用户正确履行使用义务和保密要求并保证数据的真实性、完整性和正确性管理的能力。

7）运维管理，具备保障数字化设施和系统正常运行、日常维护、用户服务和事件管理的能力。

7.6.2.3 系统级（3级）

1）管理组织，具备企业数字化管理组织体系，包括决策层、运营层、实施层和用户层。决策层具备基本的企业战略、资源和决策管理的能力；运营层具备基本的规划、建设和运维管理的能力；实施层具备基本的项目建设管理的能力；用户层具备关键用户需求管理和改进、参与建设、按照要求应用的能力。

2）战略管理，具备企业发展战略之数字化战略的编制、管理和指导企业数字化规划的能力。

3）规划管理，具备承接企业发展战略及其数字化战略，正确评估内部现状和外部发展趋势，明确总体和分解目标，以及应用、技术、资源、治理等总体和分部规划蓝图，指导数字化年度计划和项目建设的能力。

4）年度计划，具备承接企业数字化规划，明确目标和分解计划，以及内容、组织、人员、进度、预算、培训、风险等管理计划的能力。

5）需求管理，具备承接企业数字化规划和年度计划，满足项目建设和业务的需要，明确目标和内容，满足业务和系统需求管理的能力。

6）供应链管理，具备对企业数字化建设和服务供应商信息收集、评估、管理和服务评价的能力；具备对预算、申购、采购、合同、验收管理的能力。

7）项目管理，具备对建设项目的前期研究、立项、选型、实施、验收、推广、修改或扩展管理的能力。

8）使用管理，具备用户权限管理、账号和密码安全管理，以及确保用户正确履行使用义务和保密要求，及时了解和掌握用户本人权限范围内的信息，保证数据的真实性、完整性和正确性管理的能力。

9）运维管理，具备对基础设施、基础架构、信息系统、信息安全等正常运行、日常维护、用户服务和事件管理的能力。

10）标准管理，具备企业数字化标准体系框架和标准，并能够满足企业数字化管理系统建设和运营管理的能力。

7.6.2.4 成熟级（4级）

1）管理组织，具备企业数字化管理组织体系，包括决策层、运营层、实施层和用户层。决策层具备企业战略、资源和决策管理的能力；运营层具备规划、建设和运维管理的能力；实施层具备项目建设管理的能力；用户层具备需求和改进、参与建设，并按照要求应用的能力。

2）战略管理，具备企业发展战略之数字化战略的编制、管理和指导企业数字化规划的能力；企业数字化战略具备数字化转型的能力。

3）规划管理，具备承接企业发展战略及其数字化战略，正确评估内部现状和外部发展趋势，明确总体和分解目标，以及应用、技术、资源、治理等总体和分部规划蓝图，指导数字化年度计划和项目建设的能力；具备规划管理流程、量化指标、测评能力，保证规划正确有效地实施、评估和滚动更新的能力。

4）年度计划，具备承接企业数字化规划，明确目标和分解计划，以及内容、组织、人员、进度、预算、培训、风险管理计划的能力；具备年度计划管理流程、量化指标和测评的能力。

5）需求管理，具备承接企业数字化规划和年度计划，满足项目建设和业务的需要，明确目标和内容，满足业务和系统需求的能力；具备需求收集、评估、实施反馈等管理流程、量化指标、测评能力的能力。

6）供应链管理，具备对企业数字化建设和服务供应商信息收集、评估、管理和服务评价的能力；具备对预算、申购、采购、合同、验收管理流程、量化指标、测评管理的能力。

7）项目管理，具备项目的前期研究、立项、选型、实施、验收、推广、修改或扩展、后评估、迭代管理的能力。

8）使用管理，具备用户权限管理、账号和密码安全管理，用户正确履行使用义务和保密要求，及时了解和掌握用户本人权限范围内的信息，保证数据的真实性、完整性和正确性管理，以及用户及时反馈系统问题或改进需求管理的能力。

9）运维管理，具备统一的数字化、自动化运维管理平台，以及保障基础设施、基础架构、信息系统、信息安全等正常运行、日常维护、用户服务和事件管理的运维管理和服务的能力。

10）标准管理，具备企业数字化标准体系框架和标准，并能够满足企业对成熟级数字化管理系统建设和运营进行管理的能力。

11）数字化管理知识库，具备对数字化管理知识的规划、建设和应用的管理，包括基础设施、基础架构、应用与数据、数字运营能力域建设、资产、使用和运维的知识内容数字化管理的能力。

7.6.2.5 生态级(5级)

1）管理组织，具备企业数字化管理组织体系，包括决策层、运营层、实施层和用户层。决策层具备卓越的企业战略、资源和决策管理的能力；运营层具备卓越的规划、建设和运维管理的能力；实施层具备卓越的项目建设管理的能力；用户层具备卓越的需求和改进、参与建设、按照要求应用的能力。

2）战略管理，具备企业发展战略之数字化战略的编制、管理和指导企业数字化规划的能力；企业数字化战略具备支持数字化转型和价值开放的能力。

3）规划管理，具备承接企业发展战略及其数字化战略，正确评估内部现状和外部发展趋势，明确总体和分解目标，以及应用、技术、资源、治理等总体和分部规划蓝图，指导数字化年度计划和项目建设的能力；具备规划管理流程、量化指标、测评能力，保证规划正确有效地实施、评估和滚动更新，并能够反馈到企业发展战略及其数字化战略进行评估和更新的能力。

4）年度计划，具备承接企业数字化规划，明确目标和分解计划，以及内容、组织、人员、进度、预算、培训、风险等管理计划的能力；具备年度计划管理流程、量化指标和测评，并能够反馈到企业数字化规划进行评估和更新的能力。

5）需求管理，具备承接企业数字化规划和年度计划，满足项目建设和业务的需要，明确目标和内容，满足业务和系统需求的能力；具备需求收集、评估、实施反馈等管理流程、量化指标、测评能力，并能够反馈到企业数字化年度计划进行评估和更新的能力。

6）供应链管理，具备对企业数字化建设和服务供应商信息收集、评估、管理和服务评价的能力；具备对预算、申购、采购、合同、验收管理流程、量化指标、测评和供应商培育管理的能力。

7）项目管理，具备项目的前期研究、立项、选型、实施、验收、推广、修改或扩展、后评估、迭代和退出全生命周期管理的能力。

8）使用管理，具备用户权限管理、账号和密码安全管理，以及确保用户正确履行使用义务和保密要求，及时了解或掌握用户本人权限范围内的信息，保证数据的真实性、完整性和正确性管理，用户及时反馈系统问题或改进需求管理的能力；具备用户积极参与企业文化、知识管理的能力。

9）运维管理，具备统一的数字化、智能化运维管理平台，保障基础设施、基础架构、信息系统、信息安全等正常运行、日常维护、用户服务和事件管理的运维管理和服务的能力。

10）标准管理，具备企业数字化标准体系框架和标准，并能够满足企业对生态级数字化管理系统建设和运营进行管理的能力。

11）数字化管理知识库，具备对数字化管理知识的规划、建设和应用的管理，包括基础设施、基础架构、应用与数据、数字运营能力域建设、资产、使用和运维的知识内容数字化、智能化管理的能力。

7.7 风险管理

7.7.1 能力因子

风险管理数字化能力因子，主要包括：风险管理组织、风险管理规划、内控体系管理、风险识别、风险上报、风险处置、风险预警、合规事件管理、风险库管理9个能力因子。

1）风险管理组织，指建立风险管理的组织架构和职责分配，以实施风险管理的设计、协调、调整及其绩效的管理。

2）风险管理规划，指依据企业战略规划对风险管理的目标、范围、方法和资源管理规划的制定、实施、变更及其效果的管理。

3）内控体系管理，指企业内控体系运营，以及制度、流程、手册、规范、报告的编制、审批、发布、更新和使用的管理。

4）风险识别，指系统地、连续地认识所面临的各种风险，以及分析风险发生的潜在原因的方法、过程、结果和效果的管理。

5）风险上报，指向风险管理的相关人员或部门对风险信息的收集、整理、分析、报送、共享和保密的管理。

6）风险处置，指制订并实施控制风险的计划，确定降低风险发生的可能性，并减少其不良影响的策略、措施、执行和评估的管理。

7）风险预警，指通过风险识别和管理策略形成风险管理指标，根据风险管理指标进行监测、判断、发出预警和处置要求的管理。

8）合规事件管理，指通过对未来合规风险的识别、评估、预警、应对、处置、整改等活动，有效防控和化解合规风险，保障企业依法合规经营的管理。

9）风险库管理，指建立、维护、更新和使用企业风险数据库的管理，其中，企业风险数据库主要包括风险的名称、描述、分类、等级、控制流程、主控部门、应对措施和状态等要素。

7.7.2 能力水平

7.7.2.1 初始级(1级)

1）风险管理组织，具备企业风险管理领导，并对其及运营管理岗位的职责和人员进行风险管理的能力。

2) 风险识别,具备对风险感知、风险原因及后果分析、评估管理的能力。

3) 风险处置,具备风险应对措施、风险跟踪、评估和处理管理的能力。

7.7.2.2 局部级(2 级)

1) 风险管理组织,具备企业风险管理领导,并对其及运营管理部门的岗位职责和人员进行风险管理的能力。

2) 风险管理规划,具备对风险管理计划、生命周期管理的能力。

3) 风险识别,具备对风险感知、风险原因及后果分析、风险评估和生命周期管理的能力。

4) 风险上报,具备对风险信息上报的及时性、真实性、完整性和有效性管理的能力。

5) 风险处置,具备风险应对措施、风险跟踪、评估和处理生命周期管理的能力。

7.7.2.3 系统级(3 级)

1) 风险管理组织,具备企业风险管理领导,并对其及运营管理部门、各部门的岗位职责和人员进行风险管理的能力。

2) 风险管理规划,具备依据企业战略规划进行风险管理规划编制、审批、发布、执行、评估和更新管理,以及风险管理规划内容管理的能力。

3) 内控体系管理,具备对内控文件编制、审批、发布、执行、评估和更新管理的能力。

4) 风险识别,具备对风险感知、风险原因及后果分析、风险评估和生命周期的管理,以及对风险识别清单信息管理的能力。

5) 风险上报,具备对风险信息上报的及时性、真实性、完整性和有效性管理,以及对风险上报内容管理的能力。

6) 风险处置,具备风险应对措施、风险跟踪、评估和处理生命周期管理、统计分析的能力。

7) 风险预警,具备依据风险识别和预控管理形成的预警模型进行风险监测和综合判断,及时向风险管理组织发出预警管理的能力。

7.7.2.4 成熟级(4 级)

1) 风险管理组织,具备企业风险管理领导,并对其及运营管理部门、内部各部门、生产项目组织的岗位职责和人员进行风险管理的能力。

2) 风险管理规划,具备依据企业战略规划进行风险管理规划编制、审批、发布、执行、评估和更新管理,以及对风险管理规划内容数字化的能力。

3) 内控体系管理,具备内控管理文件编制、审批、发布、执行、评估和更新管理,内控管理文件的内容数字化,以及内控管理数字化工具,实现内控管理体系数字化、自动化运营管理的能力。

4) 风险识别,具备对风险感知、风险原因及后果分析、风险评估和生命周期的管理,以及风险分类、编码、描述等风险信息管理的能力;具备运用各种方法、工具和数据资源系统地、连续地、自动化识别各种风险的能力。

5) 风险上报,具备风险上报数字化的工具,形成风险管理信息及时性、真实性、完整性,有效性数字化、自动化管理的能力。

6) 风险处置,具备风险应对的数字化工具,以及风险应对措施、风险跟踪、评估和处理生命周期管理,形成风险预控数字化策略数字化、自动化管理的能力。

7) 风险预警,具备依据风险识别和预控管理形成的预警模型进行风险监测和综合判断,并及时向风险管理组织发出预警和对策的数字化、自动化管理的能力。

8）合规事件管理，具备对合规事件识别、评估、处理、报告和改进数字化、自动化管理的能力。

7.7.2.5 生态级(5级)

1）风险管理组织，具备企业风险管理领导、运营管理部门、企业各部门、外部合作组织及生产项目组织的岗位职责和人员，具备实现企业纵向或横向、集团化及关联组织、与外部合作组织，以及生产项目风险管理的能力。

2）风险管理规划，具备依据企业战略规划进行风险管理规划编制、审批、发布、执行、评估和更新管理，风险管理规划内容数字化，以及风险管理规划执行数字化、智能化管理的能力。

3）内控体系管理，具备内控管理文件编制、审批、发布、执行、评估和更新管理，内控管理文件内容数字化及内控管理数字化的工具，实现内控管理体系数字化、智能化运营管理的能力。

4）风险识别，具备对风险感知、风险原因及后果分析、风险评估和生命周期的管理，以及风险分类、编码、描述等风险信息管理的能力；具备运用各种方法、工具和数据资源系统地、连续地、自动化、智能化识别各种风险的能力。

5）风险上报，具备企业风险管理组织及时、真实、完整、有效地获取、上报、告知风险信息，以及风险上报自动化、智能化管理的能力。

6）风险处置，具备风险应对的数字化、智能化工具，以及风险应对措施、风险跟踪、评估和处理生命周期管理，形成风险预控策略数字化、智能化管理的能力。

7）风险预警，具备依据风险识别和预控管理形成的预警模型进行风险监测和综合判断，及时向风险管理组织发出预警和对策的数字化、智能化管理的能力。

8）合规事件管理，具备对合规事件识别、评估、处理、报告和改进数字化、智能化管理，以及进行事前合规性管理的能力。

9）风险库管理，具备系统性、动态性、持续性和可视化的风险管理信息库，有效地展示、共享、传递和利用风险信息管理，以及风险库内容数字化、智能化利用进行风险预判的能力。

7.8 审计管理

7.8.1 能力因子

审计管理数字化能力因子，主要包括：审计管理组织、审计规划、审计体系管理、审计作业、财务审计、资产审计、工程审计、重要事项审计、管理审计、合规性审计、审计案例库11个能力因子。

1）审计管理组织，指建立审计管理的组织架构和职责分配，以实施审计管理的设计、协调、调整及其绩效的管理。

2）审计规划，指基于企业战略目标制定审计的目标、范围、方法、法律法规、资源分配等内容的规划。

3）审计体系管理，指企业审计管理体系的运营，审计管理制度、流程、手册等的编制、审批、发布、更新和使用管理，以及对审计结果的运用和监督检查。

4）审计作业，根据审计计划开展具体审计业务的过程，主要包括：实施方案制定、审计情况汇报、审计成果归纳和问题整改反馈。

5）财务审计，指按照审计准则规定的程序对企业的资产、负债和损益的真实、合法、效益进行审计监督，并形成审计报告。

6）资产审计，对企业资产状况进行的独立评价与检查。它对企业的资金、有价证券、固定资产、无形资产等进行清查和盘点，检查资产的完整性、权属的归属、资产管理制度的健全性等。

7）工程审计，对工程项目的可行性研究、设计、施工、竣工等全过程的评价和检查。同时也对项目进度、资金使用、质量安全、绩效考核等方面进行审核检查，保证工程项目目标顺利实现的活动。

8）重要事项审计，对公司关键事项的审计能力，主要包括深入了解和评估公司面临的重要问题的能力，对公司战略决策、关键业务流程、风险管理体系等方面的审计。

9）管理审计，对企业经营管理目标、计划、程序、执行、监测、绩效和改进情况进行审计的流程及与之对应的信息管理。

10）合规性审计，指企业在经营决策和业务活动过程中遵守相关法规、法律、规章制度以及内部政策和程序（与否）的独立评价。

11）审计案例库，指企业审计案例和模板信息库，可对其进行归纳总结和复用。

7.8.2 能力水平

7.8.2.1 初始级（1 级）

1）审计管理组织，具备企业审计管理领导，并对其及运营管理岗位的职责和人员进行审计管理的能力。

2）审计规划，具备依据企业战略规划制定审计计划、执行管理的能力。

3）审计体系管理，具备审计管理体系文件编制、审批、发布和执行管理的能力。

7.8.2.2 局部级（2 级）

1）审计管理组织，具备企业审计管理领导，并对其及运营管理部门的岗位职责和人员进行审计管理的能力。

2）审计规划，具备依据企业战略规划制定审计计划、执行和评估管理的能力。

3）审计体系管理，具备审计管理体系文件编制、审批、发布、执行、评估和更新管理的能力。

4）审计作业，具备对审计项目立项、审计实施、审计报告和改进管理的能力。

5）财务审计，具备对企业资产、负债和损益审计管理的能力。

7.8.2.3 系统级（3 级）

1）审计管理组织，具备企业审计管理领导，并对其及运营管理部门、企业各部门的岗位职责和人员进行审计管理的能力。

2）审计规划，具备依据企业战略规划进行审计管理规划编制、审批、发布、执行、评估和更新管理的能力。

3）审计体系管理，具备审计管理体系文件编制、审批、发布、执行、评估和更新管理，以及审计管理文件内容管理的能力。

4）审计作业，具备对审计项目立项、审计实施、审计报告和改进生命周期管理的能力。

5）财务审计，具备对企业资产、负债和损益的真实性、合法性和效益进行审计管理的能力。

6）资产审计，具备依照审计管理制度，对企业资产状况包括资金、有价证券、固定资产、无形资产等进行清查和盘点，检查资产的完整性、权属、管理制度和改进管理的能力。

7）工程审计，具备对工程项目需求、立项、实施工程和竣工验收全过程进行审计管理的能力。

7.8.2.4 成熟级（4 级）

1）审计管理组织，具备企业审计管理领导、运营管理部门、企业各部门，以及生产项目的岗位职责和人员进行审计管理的能力。

2）审计规划，具备依据企业战略规划进行审计管理规划编制、审批、发布、执行、评估和更新管理，以及审计规划内容数字化的能力。

3）审计体系管理，具备审计管理体系文件（模型/模板）编制、审批、发布、执行、评估和更新管理，以及应用审计管理文件（模板/模型）的内容数字化及审计管理数字化工具，实现审计管理体系数字化、自动化运营管理的能力。

4）审计作业，具备对接审计管理体系文件（模板/模型）进行项目立项、审计实施、审计报告和改进的数字化管理，以及应用审计管理数字化工具进行数字化、自动化审计作业的能力。

5）财务审计，具备对接审计管理体系财务审计文件（模板/模型）及企业财务管理系统数据，应用数字化工具，对企业资产、负债和损益的真实、合法、效益进行数字化、自动化审计的能力。

6）资产审计，具备对接审计管理体系资产审计文件（模板/模型）及企业资产管理系统数据，应用数字化工具，对企业资产状况包括资金、有价证券、固定资产、无形资产等进行清查和盘点，检查资产的完整性、权属和改进情况进行数字化、自动化审计的能力。

7）工程审计，具备对接审计管理体系工程审计文件（模板/模型），以及工程项目立项、设计、施工、竣工全过程数据，并应用数字化工具进行数字化、自动化审计的能力。

8）重要事项审计，具备对公司重要事项、应急事件和危机管理合规性和稳定性进行数字化、自动化管理的能力。

9）管理审计，具备对企业经营管理目标、计划、程序、执行、监测、绩效和改进情况进行数字化、自动化审计管理的能力。

7.8.2.5 生态级（5级）

1）审计管理组织，具备企业审计管理领导，并对其及运营管理部门、企业各部门、外部合作组织、生产项目组织的岗位职责和人员进行审计管理的能力。

2）审计规划，具备依据企业战略规划进行审计管理规划编制、审批、发布、执行、评估和更新管理，审计规划内容数字化，以及审计规划执行数字化、智能化管理的能力。

3）审计体系管理，具备审计管理体系文件（模板/模型）编制、审批、发布、执行、评估和更新管理，以及应用审计管理文件的内容数字化及审计管理数字化工具，实现管理体系数字化、智能化运营管理的能力。

4）审计作业，具备对接审计管理体系文件（模板/模型）进行项目立项、审计实施、审计报告和改进的数字化管理，以及应用审计数字化工具进行数字化、智能化审计作业的能力。

5）财务审计，具备对接审计管理体系财务审计文件（模板/模型）及企业财务管理系统数据，对企业的资产、负债和损益的真实、合法、效益进行数字化、智能化审计管理的能力。

6）资产审计，具备对接审计管理体系资产审计文件（模板/模型）及企业资产管理系统数据，并应用数字化工具，对企业资产状况包括资金、有价证券、固定资产、无形资产等进行清查和盘点，检查资产的完整性、权属、资产风险、保值增值和改进情况进行数字化、智能化审计的能力。

7）工程审计，具备对接审计管理体系工程审计文件（模板/模型），以及工程项目立项、设计、施工、竣工全过程数据，并应用数字化工具进行数字化、智能化审计的能力。

8）重要事项审计，具备对公司重要事项、应急事件和危机管理的合规性、稳定性进行数字化、智能化管理的能力。

9）管理审计，具备对企业经营管理目标、计划、程序、执行、监测、绩效和改进情况进行数字化、智能化管理的能力。

10）合规性审计，具备对企业在经营活动过程中遵守相关法规、法律、规章制度以及内部政策和程序数字化、智能化审计管理的能力。

11）审计案例库，具备企业审计案例和模板信息库，包括信息入库、分析、利用管理，以及审计案例信息数字化、智能化审计管理的能力。

8 应用与数据

8.1 应用架构

8.1.1 能力因子

应用架构管理数字化能力因子，主要包括：交互终端、权限服务、应用管理、日志管理、分层架构、门户服务、流程服务、集成服务、运维服务、开发支撑、分析服务、组件服务、数据应用管理、负载均衡、安全管控、缓存策略、持续集成与部署、大模型应用、应用架构知识库 19 个能力因子。

1）交互终端，指人机互相交换信息用的一种终端，主要包含输入信息、输出信息等功能。

2）权限服务，指负责管理应用系统中的权限和访问控制，通常与用户管理、资源管理和授权服务等组件紧密结合，以确保系统中的资源只能由具有适当权限的用户进行访问。权限服务主要包括：统一身份认证、单点登录、统一授权。相关说明如下：

统一身份认证　指使用统一的身份验证方案，以确保各处信息安全，同时提高信息访问的安全性和性能。

单点登录　指允许用户使用一个用户 ID 和密码访问不同的应用程序，而无需对每个应用程序重新输入凭据。

统一授权　指将多个系统或应用的权限管理统一到一个中心化的平台或系统中进行集中管理，以实现对不同系统或应用之间的权限一致性、可控性和可审计性，从而提高权限管理的效率和安全性。

3）应用管理，指应用程序的完整生命周期管理，主要包含部署、配置管理、应用优化、应用程序管理、应用质量管理、应用运行监控、应用运维等。

4）日志管理，指软件系统、网络设备及其他技术系统中收集、存储、分析和维护日志文件的过程，帮助组织监控系统状态、快速响应问题，并确保系统的可靠性和安全性。日志管理主要包括：日志收集、日志存储、日志分析、日志轮转和归档、日志安全和隐私、日志访问控制、日志审计和合规性、日志策略和最佳实践、日志工具和技术、日志可视化。相关说明如下：

日志收集　从不同的源点（如应用程序、服务器、网络设备等）捕获日志信息。

日志存储　将收集到的日志信息保存在适当的存储介质上，以便于后续的访问和分析。

日志分析　使用工具和技术对日志进行数据分析，以识别系统行为、性能问题、安全威胁等。

日志轮转和归档　实施日志文件的定期切割、压缩和归档，以管理存储空间并保持日志数据的可访问性。

日志安全和隐私　确保日志数据的安全性，防止未授权访问，并保护日志中可能包含的敏感信息。

日志访问控制　控制对日志数据的访问，确保只有授权用户才能查看或操作日志。

日志审计和合规性　进行日志审计以确保日志管理符合相关的法律法规和标准。

日志策略和最佳实践 制订日志记录、存储和分析策略,以及遵循日志管理的最佳实践。

日志工具和技术 使用各种日志管理工具和技术,来提高日志管理的效率和效果。

日志可视化 通过图表、仪表盘等形式展示日志数据,帮助用户更直观地理解日志信息。

5) 分层架构,指应用架构的多层模式,组件按照水平层次进行组织。所有组件之间相互连接,但彼此之间不相互依赖。

6) 门户服务,指一种面向用户提供服务的平台,例如:移动门户、管理门户、经营门户、统一认证、数据交换等。

7) 流程服务,指一种面向业务流程的服务,通过建立和运行流程引擎,提供一系列功能和支持,以确保业务流程能够按照预定的方式高效、准确地执行。流程服务通常涵盖了从流程的设计到定义、集成、执行、监控、优化和管理的全过程。流程引擎建立和运行的过程主要包括:流程定义、流程集成、流程执行、流程监控、流程优化、流程管理和流程智能。相关说明如下:

流程引擎 指用来驱动业务按照设定的固定流程去流转的程序,在复杂多变的业务情况下,使用既定的流程能够大大降低设计业务的成本,并且保证业务执行的准确性。

流程定义 指创建和设计业务流程的活动。这通常涉及绘制流程图、定义任务、确定流程的参与者以及设置任务之间的逻辑关系。

流程集成 指将各个流程环节的信息集成到一起,实现流程的信息化、自动化,并考虑不同环节之间的数据交互。

流程执行 指由流程引擎负责按照定义好的流程来调度任务、管理状态和协调参与者。

流程监控 指对业务流程运行状态的实时监测和管理,通过监控可以及时发现并解决潜在问题,确保业务流程的稳定运行。

流程优化 基于监控数据和业务需求的变化,在流程设计、任务分配、服务集成和自动化程度等方面需要不断地被优化。

流程管理 是对业务流程进行全面管理的过程,主要包含流程规划、设计、执行、监控、优化和集成等方面。

流程智能 指分解业务流程、监控关键性能指标、优化运营环节,采用流程建模,自动编排等方式,从而实现企业流程的智能化运营。

8) 集成服务,指将不同应用系统或不同平台分布的应用程序进行整合,以实现数据、信息功能共享和交互。不同应用的分布和集成服务方式包括:分布式系统架构(SOA)、网关、物联和智联等。相关说明如下:

分布式系统架构(SOA) 指将应用程序的不同功能单元拆分为独立、可复用的组件。这些服务通过定义良好的接口和协议进行通信,使服务以一种松散耦合的方式组合在一起,形成完整的应用程序。其特点主要为服务复用、松耦合、动态组合、可治理管理等。

网关 指通过统一、可扩展的平台作为应用程序编程接口(API)的入口点,执行多种任务以简化、安全和优化应用程序编程接口(API)通信。主要包含请求路由、协议转换、安全性、日志监控、缓存、错误处理等能力。

物联 指具备将各种设备、传感器和物品连接,通过数据采集与分析,实现设备的远程控制和高效的生产和业务流程。

智联 指将不同的应用系统、设备和数据进行智能化的连接,以实现信息的无缝流通和协同工作,达到自动化、信息化和智能化。

9）运维服务，指对应用程序进行部署、维护和优化的服务。主要包括：应用运维、集成运维、流程运维、监控预警等方面。相关说明如下：

应用运维 指对应用系统的部署、升级和优化等服务。

集成运维 指对各应用系统进行集成，确保它们之间的数据传输和信息传递正常进行，并及时解决应用系统之间的冲突和问题。

流程运维 指流程执行的监控、优化和改进，以提高应用系统的效率和性能。

监控预警 指对整个应用架构中的各系统和设备进行实时监控，及时发现和解决潜在的问题和故障。建立预警机制，对可能出现的问题进行预警，以便及时采取措施进行处理。

10）开发支撑，指用于支持应用程序的开发、部署和维护过程的一系列统一框架、统一标准和工具，可确保应用程序在开发过程中具有一致性、可维护性和可扩展性，同时提高开发效率和代码质量。主要标准和工具的相关说明如下：

统一框架 指根据企业需求选择合适的开发框架，提供一致的开发体验和代码规范，简化开发过程。

统一标准 指制定统一的代码规范，主要包含命名规范、缩进风格、注释规则等，可以确保代码的可读性和可维护性。

高开工具 指采用通用的编程工具和技术实现应用功能及应用服务等，其特点为具备精准性及精确性，可满足特需场景服务开发。

低开工具 指开发者通过可视化界面和预先构建的组件快速构建应用程序，同时可以降低开发成本和提高开发效率。

统一高开工具 指采用统一的高代码开发平台，基于通用的编程工具和技术实现应用功能及应用服务等，其特点为具备精准性及精确性，满足特需场景服务开发。

统一低开工具 指采用统一的低代码开发平台，开发者通过可视化见面和预先构建的组件快速构建应用程序，同时可以降低开发成本和提高开发效率。

11）分析服务，指对数据分析和处理的服务，通常由一系列算法和工具组成，用于从各种数据源中提取有价值的信息，以支持企业决策和业务运营，主要应用场景为数据报表和分析图形图像。

12）组件服务，指应用架构中可以执行特定功能的一个独立部分，并可以与其他组件交互或组合使用。组件通常基于标准接口设计，能够在不同的环境中复用。组件类型主要包括：技术组件、业务组件和智能组件。相关说明如下：

技术组件 指软件系统为实现特定技术功能而设计和开发的模块化单元，能够独立处理一组相关的技术逻辑。通常具有高度的可复用性、可配置性、可扩展性和高内聚低耦合性。

业务组件 指软件系统为实现特定业务功能而设计和开发的模块化单元，能够独立完成一组相关的业务逻辑。通常具有高度的可复用性、可配置性、可扩展性和高内聚低耦合性。

智能组件 指软件系统为实现智能化的功能而设计和开发的模块化单元。能够利用人工智能（AI）和机器学习（ML）技术，为系统提供智能决策、自动化处理、预测分析等高级功能。通常具有自主性、学习能力、适应性、交互性和可解释性。

13）数据应用管理，指对与特定业务流程或应用程序相关的数据进行规划、开发、访问控制、维护、支持和监控等一系列过程。确保应用程序能够高效地访问、处理和存储数据，保证数据的质量、安全性和合规性。

14）负载均衡，指在应用架构中可以分担服务器的负载压力，以提供更好的性能和响应时间。

15）安全管控，指在应用架构中的安全管理与控制能力，主要包含身份认证与访问控制、数据加密与隐私保护、安全审计与监控、防止恶意攻击、备份容灾与恢复、合规性与法律要求、安全培训与意识提升，以及第三方风险管理。

16）缓存策略，指应用程序会与缓存和数据源进行通信，应用程序会在命中数据源之前先检查缓存，提高应用访问效率。

17）持续集成与部署，指一种自动化的软件交付流程，它运用了持续集成（CI）和持续部署（CD）的理念，通过自动化构建、测试和部署，可加速软件的发布和迭代。

18）大模型应用，指使用大量文本数据训练的深度学习模型，可应用于复杂场景下的实时预测与处理，主要包含自然语义理解、智能文本生成、语音识别、处理海量数据、完成各种复杂的任务。

19）应用架构知识库，指以业务价值驱动并具备自助服务的数据集合，主要包含存储、组织、知识模型、知识展现、搜索、共享有关产品、服务、技术、特定主题或整个企业的信息。

8.1.2 能力水平

8.1.2.1 初始级（1级）

1）交互终端，具备基本的用户与应用的交互、内容的输入和输出，以及基本业务使用的能力。

2）权限服务，具备业务关系人信息管理、身份认证、访问控制、内容展示、可管理性和安全性的能力，满足基本业务访问控制管理的能力。

3）应用管理，具备应用部署、配置、模块管理、应用优化、质量检查，以及应用程序可管理性的能力。

4）日志管理，具备**日志收集**、**日志存储**，以及基本的**日志审计和合规性**管理的能力。

5）分层架构，具备业务应用的构建，包含前台用户界面、应用服务、数据访问层等应用构建基本的能力。

6）门户服务，具备满足业务应用入口导航和数据展示门户的能力。

7）流程服务，具备单一应用端到端的流程定义、流程执行、流程监控，提高业务流转效率的能力。

8.1.2.2 局部级（2级）

1）交互终端，具备用户以多类终端架构与应用交互，实现内容的输入和输出，以及局部业务使用的能力。

2）权限服务，具备业务关系人信息管理、身份认证、访问控制、内容展示、可管理性和安全性，满足局部综合应用的能力。

3）应用管理，具备多应用的统一部署、配置、模块管理、应用优化、质量检查，以及统一应用程序可管理性的能力。

4）日志管理，具备**日志收集**和**日志存储**，以及基本的**日志分析**的能力。

5）分层架构，具备业务应用的构建，包含用户界面定制、基础模块、公共服务引擎、数据供应，以及复杂应用构架的能力。

6）门户服务，具备满足业务应用和使用习惯需求，以及导航、布局、功能和数据展示的能力。

7）流程服务，具备端到端的**流程定义**、**流程执行**、**流程监控**、**流程优化**和**流程管理**，并运用这些服务以提高业务流转效率的能力。

8）集成服务，具备业务需求场景下多应用系统、网络、存储之间的信息共享与交换，实现协作高性能、高可靠性、可扩展性的能力。

9）运维服务，具备对业务应用的性能指标、基础设施的运行指标进行监控，及时发现和解决潜在的问题、提高用户体验的能力。

10）开发支撑，具备企业局部组织开发标准的一致性、可维护性和可扩展性，同时具备提高开发效率和代码质量的能力。

11）分析服务，具备基础的业务数据采集、处理和建模能力，支持基础数据统计和可视化应用的能力。

12）组件服务，具备基础服务组件、应用快速构建使用的能力。

8.1.2.3　**系统级（3级）**

1）交互终端，具备用户以多类终端架构、多样信息数据模态与应用交互，实现内容的输入和输出，以及企业系统级业务使用的能力。

2）权限服务，具备企业用户使用同一ID及密码**统一身份认证**在不同应用程序之间实现快捷登录，并确保身份信息、认证信息标准的可管理性、可维护性和安全性的能力

3）应用管理，具备多应用的统一管理、统一部署、配置、模块管理、应用优化、质量检查、应用运行监控，以及简化应用运营、运维管理的能力。

4）日志管理，具备制定和实施日志策略能力，包括日志的分类、存储、备份和归档，具备使用日志工具进行日志基本分析能力。

5）分层架构，具备业务应用的横向与纵向构建，包含横向多业务类型应用划分，纵向用户界面前端定制、基础模块、公共服务引擎、数据供应，以及系统级应用构建和高效管理的能力。

6）门户服务，具备满足业务需求的多样门户展现及功能，如移动门户、管理门户、经营门户、统一认证、数据交换，以及灵活性和应用性的能力。

7）流程服务，具备跨部门、跨应用系统的多个端到端流程定义、流程执行、流程监控、流程优化和流程管理，并运用这些服务以满足复杂业务需求、提高业务流转效率的能力。

8）集成服务，具备企业内部多应用程序、应用服务、应用系统之间的通信和数据交换的集成和协调及其可靠性、可扩展和可管理性的能力。

9）运维服务，具备业务应用的统一**应用运维**、**集成运维**、**流程运维**和基础设施运行指标监控，及时发现和解决潜在的问题，提高用户体验的能力。

10）开发支撑，具备企业标准开发平台、开发标准的一致性，以精确服务于特需应用需求；具备可管理性、可维护性和可扩展性，提高开发效率和代码质量的能力。

11）分析服务，具备企业内部业务线的数据采集、数据处理、数据建模和数据解释，实现数据量化、切片和切块、钻取、透视数据可视化应用的能力。

12）组件服务，具备应用独立模块或基础服务组件，以及应用快速构建、可复用性、可扩展性的能力。

13）数据应用管理，具备应用关联的数据生成、数据存储、数据模型、数据访问控制、数据安全、数据迁移、数据整合和数据报表与分析的能力。

14）负载均衡，具备业务线需求的应用安全负载、性能负载、访问负载等均衡优化，保障应用的性能、高可靠性的能力。

15）安全管控，具备应用的访问控制、数据安全、审计、监控、合规性等安全管控，以及事前规则

设定、事中监控、事后审计的能力。

16）缓存策略，具备业务线应用访问性能的提升和可扩展性能力。

8.1.2.4　**成熟级(4级)**

1）交互终端，具备用户以多类终端架构、多样信息数据模态、多输入输出方式与应用交互，满足企业战略发展业务的能力。

2）权限服务，具备企业内部组织**统一组织架构**、**统一身份认证**、**单点登录**、**统一授权**的权限管理体系，支持跨部门、跨业务之间的快捷登录与输入输出控制，以及确保身份信息、认证信息标准的可管理性、可维护性和安全性的能力。

3）应用管理，具备多应用统一管理规范、流程、技术栈应用，统一部署、配置、模块管理、应用优化、质量检查、应用运行监控，以及规范建设、简化运营、提升运维管理的能力。

4）日志管理，具备日志分类、存储、备份、归档和日志访问控制等集中式日志管理的能力；具备使用高级分析工具深入挖掘日志数据的能力；具备实时监控和响应日志中的异常事件能力；具备对日志进行审计和合规性检查，以确保日志管理符合法律法规要求的能力。

5）分层架构，具备业务应用的横向与纵向构建、架构运行可靠性，包含横向多业务类型应用划分，纵向用户界面前端定制、基础模块、公共服务引擎、数据供应、微服务，以及成熟级应用的快速构建、高效管理和高可靠性运行的能力。

6）门户服务，具备门户展现的多样性、需求变更的灵活性、用户使用的高效性，体现一网通办的特性，包含移动门户、管理门户、经营门户、统一认证、数据交换、访问路径，满足企业门户服务灵活性和易用性的能力。

7）流程服务，具备以流程中心统一管理的**流程引擎**服务，包括**流程定义**、**流程集成**、**流程执行**、**流程监控**、**流程优化**，满足复杂业务需求，简化业务流程结构，提高业务流转效率的能力。

8）集成服务，具备企业内部组织多应用程序、多样交互需求、多样联通对象的集成模型，实现内部设备、应用程序、应用服务、应用系统之间通信和数据交换的集成和协调，并使其具备可靠性、可扩展性和可管理性的能力。

9）运维服务，具备企业内部组织应用运维整体规划、管理、运营、运维能力，实现所有**应用运维**、**集成运维**、**流程运维**、**监控预警**，及时发现和解决潜在的问题，提高用户体验的能力。

10）开发支撑，具备企业**统一标准**开发平台、**低开工具**平台快速构建应用，并使其具备可管理性、可维护性和可扩展性，以提高开发效率和代码质量的能力。

11）分析服务，具备企业内部组织的数据采集、数据处理、数据建模和数据解释，实现数据量化、切片和切块、钻取、透视、聚合和交叉分析数据可视化应用的能力。

12）组件服务，具备应用构建的**技术组件**、应用快速构建的**业务组件**、数字化转型的**自动化组件**、组件资产管理，并使其具备高效性、可管理性、可复用性和可扩展的能力。

13）数据应用管理，具备企业内部组织统一的数据生成、数据存储、数据模型、数据访问控制、数据安全、数据迁移、数据整合、数据分析和数据应用管理需求反馈给数据架构管理的能力。

14）负载均衡，具备企业内部组织的应用负载、性能负载、访问负载等均衡优化，保障应用的性能、高可靠性的能力。

15）安全管控，具备企业内部组织的统一应用访问控制策略、数据安全策略、审计策略、运维监控、合规性等安全管控，以及事前规则设定、事中监控和事后审计的能力。

16）缓存策略，具备使企业内部组织应用访问性能和可扩展性提升的能力。

17）持续集成与部署，具备应用程序集成优化及发布、自动化构建、测试和部署，加速软件的发布和迭代，提高业务需求变更的响应速度的能力。

8.1.2.5 **生态级（5 级）**

1）交互终端，具备用户以多类终端架构、多样信息数据模态、多输入输出方式与应用交互，灵活与外部生态集成，并满足企业生态发展使用能力。

2）权限服务，具备企业内部组织、外部生态链的**统一组织架构**、**统一身份认证**、**单点登录**、**统一授权**的权限管理体系，支持跨部门、跨业务、跨生态之间的快捷登录与输入输出控制，并确保身份信息、认证信息的标准可管理性、可维护性和安全性的能力。

3）应用管理，具备企业内部组织、外部生态链的门户统一管理规范、流程、技术栈应用，统一的部署、配置、模块管理、应用优化、质量检查、应用运行监控，以及规范应用建设、简化应用运营、提升运维管理的能力。

4）日志管理，具备日志的分类、存储、备份、归档、访问控制和日志可视化等集中式日志管理的能力；具备使用人工智能和机器学习技术自动化和优化日志分析的能力；具备实时监控和响应日志中的异常事件的能力；具备对日志进行审计和合规性检查能力，以确保日志管理符合法律法规要求的能力；具备日志数据驱动决策和优化业务流程的能力。

5）分层架构，具备业务应用的横向与纵向构建、架构运行的可靠性，包含横向多业务类型应用划分，纵向用户界面前端定制、基础模块、公共服务引擎、数据供应、微服务、生态链接模块，以及生态级应用的快速构建、高效管理和高可靠性运行的能力。

6）门户服务，具备门户展现的多样性、需求变更的灵活性、用户使用的高效性，体现一网通办的特性，包含移动门户、管理门户、经营门户、统一认证、数据交换、访问路径，以及凭借企业灵活且易用的门户服务，面向生态的链接和服务的能力。

7）流程服务，具备以流程中心形式集成多类型流程统一管理、流程定义、流程执行、流程监控、流程优化、流程预制、流程编排、流程自动执行，满足对内的复杂业务需求、对外生态业务的流程管理，提高业务流转效率的能力。

8）集成服务，具备多应用程序、多样交互需求、多样联通对象的集成模型，自动发现、智能化高效管理，实现内外部设备、应用程序、应用服务、应用系统之间通信和数据交换的集成和协调，并使其具备可靠性、可扩展性和可管理性的能力。

9）运维服务，具备运维整体规划、团队管理、流程改进、成本控制，实现**应用运维**、**集成运维**、**流程运维**、**监控预警**，并具备领导力、洞察力和跨部门协作的能力。

10）开发支撑，具备**统一框架**、**统一标准**，以及**统一高开工具**与**统一低开工具**融合开发平台快速构建应用，降低开发学习成本，实现开发知识沉淀的能力；具备可管理性、可维护性和可扩展性，提高开发效率和代码质量的能力。

11）分析服务，具备面向企业内、外部生态链全域的数据采集、数据处理、数据建模和数据解释，实现数据量化、切片和切块、钻取、透视、聚合、交叉分析和趋势分析数据可视化应用的能力。

12）组件服务，具备应用构建的**技术组件**、应用快速构建的**业务组件**、数字化转型的**智能组件**和组件资产管理，并使其具备高效性、可管理性、可复用性和可扩展的能力。

13）数据应用管理，具备企业内部组织、外部生态链全域的统一数据生成、数据存储、数据模型、数据访问控制、数据安全、数据迁移、数据整合、数据分析和数据应用管理需求反馈给数据架构管理的能力。

14）负载均衡，具备企业内部组织、外部生态链全域的应用架构所需的应用负载、性能负载、访问负载等均衡优化，保障应用的性能、高可靠性的能力。

15）安全管控，具备企业内部组织、外部生态链全域的统一应用访问控制策略、数据安全策略、审计策略、运维监控、合规性等安全管控，以及事前规则设定、事中监控和事后审计的能力。

16）缓存策略，具备使企业内部组织、外部生态链全域的应用访问性能和可扩展性提升的能力。

17）持续集成与部署，具备应用程序持续监控分析、集成优化及发布、自动化构建、测试和部署，加速软件的发布和迭代，提高业务需求变更的响应速度的能力。

18）大模型接入，具备应用架构适应大模型对接，提高应用构建的智能化、高效化、创新化，实现业务应用交互的智能服务的能力。

19）应用架构知识库，具备应用架构知识组件服务，使知识组件联通知识大平台，提供与业务相关的知识搜索、知识互动、知识推荐等功能，实现多样性人才培养、企业知识留存并体现知识创新特性的能力。

8.2 数据架构

8.2.1 能力因子

数据架构管理数字化能力因子，主要包括：数据模型、数据分布、数据集成、数据架构管理、数据共享、数据服务、元数据、主数据、数据标准、数据指标、数据标签、数据资产、数据质量、数据开发、数据分析、数据血缘、监控运维、数据安全、数据编织、知识图谱、数字孪生、人工智能、数据挖掘、区块链 24 个能力因子。

1）数据模型，指数据特征的抽象，它从抽象层次上描述了系统的静态特征、动态行为和约束条件，为数据库系统的信息显示与操作提供一个抽象的框架。

2）数据分布，指在分布式环境中通过合理分布数据，提高数据操作自然并行度，以达到最优的执行效率和系统性能的目的，数据分布除关注数据的位置外，还涉及数据的复制、分片、同步和一致性等方面的管理。常见数据分布架构包括但不限于关系型数据库、分布式数据库、数据仓库、数据湖、对象存储等架构。这些架构在实际应用中可能会结合使用，形成混合的数据分布方案。

3）数据集成，指把不同来源、格式、特点性质的数据在逻辑上或物理上有机地集中，从而为企业提供全面的数据共享。

4）数据架构管理，指定义和维护企业数据结构的整体蓝图，包括数据标准、数据模型、元数据、数据流以及它们之间的关系。为组织提供了一个框架来更好地理解数据资产、支持业务目标、指导数据集成、共享和管理策略的制定，确保数据的一致性、互操作性和可访问性，并简化数据生命周期的管理。

5）数据共享，指让在不同地方使用不同计算机、不同软件的用户能够读取他人数据并进行各种操作、运算和分析。

6）数据服务，指提供数据采集、数据传输、数据存储、数据处理（包括计算、分析、可视化等）、数据交换、数据销毁等数据各种生存形态演变的一种信息技术驱动的服务。

7）元数据，即关于数据的组织、数据域及其关系的信息，简单来说，元数据就是被用来描述数据的数据。

8）主数据，指满足跨部门业务协同需要的核心业务实体数据。

9）数据标准，指保障数据的内外部使用和交换的一致性和准确性的规范性约束。

10）数据指标，指衡量目标的方法，预期达到的指数、规格、标准，一般用数据表示。

11）数据标签，指一种用来描述业务实体特征的数据形式。

12）数据资产，指由个人或企业拥有或者控制的，能够为企业带来未来经济利益的，以物理或电子的方式记录的数据资源。

13）数据质量，指在业务环境下，数据符合数据消费者的使用目的，并能满足业务场景具体需求的程度。

14）数据开发，指分析、设计、实施、部署及维护数据解决方案，以使企业的数据资源价值最大化。

15）数据分析，指用适当的统计分析方法对收集来的大量数据进行分析，将它们加以汇总、理解并消化，以求最大化地开发数据的功能，发挥数据的作用。

16）数据血缘，又称数据血统、数据起源、数据谱系，指数据的全生命周期，即从数据产生、处理、加工、融合、流转到最终消亡过程中自然形成一种关系。

17）监控运维，指对数据架构中基础设施平台、数据平台、数据应用等各运行指标进行监控分析，并将其可视化展示。

18）数据安全，指保护数字信息资产免遭未经授权的访问、披露、修改或盗窃的做法。这种做法可保护数据免受意外或故意威胁，并在组织的整个生命周期中保持其机密性、完整性和可用性。

19）数据编织，指一种全面的数据管理和集成方法。它使用一组技术组件来管理、集成和处理来自不同数据源的数据，以便组织可以更好地理解和利用这些数据。

20）知识图谱，指构建一种信息处理技术。它可以提取大量数据中的有用信息，并将其有效地组织起来，形成一个建模的结构。

21）数字孪生，指充分利用物理模型、传感器更新、运行历史等数据，集成多学科、多物理量、多尺度、多概率的仿真过程，在虚拟空间中完成映射，从而反映相对应的实体装备的全生命周期过程。

22）人工智能，指研究、开发用于模拟、延伸和扩展人的智能的理论、方法、技术及应用系统。

23）数据挖掘，指从大量的数据中通过算法搜索隐藏于其中的信息的过程。

24）区块链，指一个又一个区块组成的链条。每一个区块中保存了一定的信息，它们按照各自产生的时间顺序连接成链条。

8.2.2 能力水平

8.2.2.1 初始级(1级)

1）数据模型，具备单项应用系统层面数据模型开发和管理规范编制，以及应用系统数据结构设计的能力。

2）数据分布，具备单项应用的数据分布关系管理规范、数据存储、数据流管理的能力。

3）数据集成，具备应用系统与数据交换的能力。

4）数据架构管理，具备单项应用的基础数据架构管理、数据维护和数据运营的能力。

5）数据共享，具备业务部门对部分数据共享策略、共享服务规范和权限管理最基本的能力。

6）数据标准，具备定义部分应用系统业务术语标准，进行管理、使用和维护最基本的能力。

7）数据分析，具备对部分数据分析应用管理，以及开展数据分析应用最基本的能力。

8.2.2.2 局部级(2级)

1）数据模型，具备部分业务场景需求数据模型开发和管理规范编制、数据模型部分应用，以及应用系统数据结构设计的能力。

2）数据分布，具备部分应用系统数据分布关系的管理规范、数据存储，数据和流程、组织、系统间的关系，以及关键数据的权威数据源管理的能力。

3）数据集成，具备部分应用系统间公用数据集成规范、接口和数据集成的能力。

4）数据架构管理，具备数据管理责任部门、数据管理规范，以及部分应用的数据管理、数据交换、数据维护和数据运营的能力。

5）数据共享，具备部分数据开放共享策略、共享服务规范、权限管理和流程管理，以及统一共享管理的能力。

6）数据标准，具备定义部分应用系统业务术语标准，并使其具备可管理性、可使用性和可维护性的能力。

7）数据分析，具备企业部门内部数据分析应用管理办法，以及开展数据分析应用的能力。

8）数据安全，具备对企业部门内部数据安全标准、管理策略和流程进行数据安全管理的能力。

9）数据标签，具备企业局部组织或局部应用基本的数据标签分类和范围、定义、标签库及其管理的能力。

10）数据资产，具备企业局部组织数据资产管理的策略和团队，基本的数据资产分类和范围、目录、管理规范和管理流程的能力。

11）数据开发，具备企业局部组织主要应用的数据开发管理流程，以及持续优化数据设计及开发的能力。

8.2.2.3　系统级（3 级）

1）数据模型，具备企业内部主要经营和决策应用的数据模型规范、数据模型和系统应用同步更新机制，指导和规划应用系统的投资、建设和维护，满足一致性、及时性、预测性要求及系统间数据模型映射关系、角色权限、数据资源目录、数据查询与应用的能力。

2）数据分布，具备企业内部组织主要业务统一的数据分布管理规范、主要业务数据的分布关系成果库，明确数据和流程、组织、系统间的关系，确定数据分类、权威数据源和数据部署，建立数据分布关系的应用、维护机制和管理流程的能力。

3）数据集成，具备企业内部组织主要应用的数据服务规范、数据接口标准和数据服务管理平台，集中管理、统一采集、统一集成，实现企业内部组织主要应用的数据互联互通、数据复用、多类型数据整合的能力。

4）数据架构管理，具备企业内部组织数据管理责任部门、管理规范和管理流程，能够指导主要应用的数据采集、数据治理、数据服务、数据维护和数据运营的能力。

5）数据共享，具备企业内部组织主要应用的数据开放共享策略和目录、共享服务规范、权限管理、流程管理、数据共享管理平台，以及数据统一共享、数据安全和数据质量管理的能力。

6）数据服务，具备企业内部组织主要应用的数据服务目录、服务规范、服务流程和管理平台，以及数据统一服务、服务监控、数据安全和数据质量管理的能力。

7）元数据，具备企业内部组织主要应用的元数据分类和范围、元模型管理和元数据存储库、元数据标准、管理规范和管理流程的能力。

8）主数据，具备企业内部组织的主数据管理策略、分类和范围、主数据资源库，主数据标准、管理规范、权限管理、流程管理和主数据管理平台，以及主数据统一管理、统一考核、持续治理和持续改进的能力。

9）数据标准，具备企业内部组织主要投入应用的数据责任部门、数据术语标准定义或参考国家和行业标准、数据标准索引、使用规范和管理系统，以及数据标准的发布、管理、使用和维护的能力。

10）数据标签，具备企业内部组织主要应用的数据标签的分类和范围、定义、标签库，以及管理规范、管理流程和管理系统、数据标签业务化的能力。

11）数据资产，具备企业内部组织数据资产管理的策略、管理部门和团队，主要应用的数据资产分类和范围、目录、管理规范和流程，以及数据资产开发、执行、监督、可视化分析，以实现数据资产融合政策、管理、业务、技术和服务的能力。

12）数据开发，具备企业内部组织主要应用的数据开发认责机制、标准、规范和管理流程，以约束数据设计和开发，持续优化数据设计及开发流程的能力。

13）数据分析，具备企业内部组织数据分析机制和团队、管理规范、统一报表平台、整合报表资源、跨部门常规报表分析和数据接口开发，以及快速支撑数据分析需求、分析结果复用的能力。

14）监控运维，具备企业内部组织主要应用的数据运维标准、管理规范、管理流程和管理工具，运维监控解决方案与数据架构、数据标准和数据质量协作，以及定期报告和改进的能力。

15）数据安全，具备企业内部组织数据安全责任人、安全标准、管理策略、管理流程和数据安全管理系统，以及数据安全管理、运营和运维的能力。

8.2.2.4 成熟级(4 级)

1）数据模型，具备企业内部组织全面的数据模型规范、数据模型和系统应用同步更新机制，以指导和规划应用系统的投资、建设和维护，满足一致性、及时性、预测组织未来的需求变化，持续优化数据模型，实现数据资源服务驱动管理的能力。

2）数据分布，具备企业内部组织统一的数据分布管理规范、全面的数据分布关系成果库，数据和流程、组织、系统间的关系，数据分类、权威数据源和数据部署，量化的数据业务价值，优化的数据存储和集成关系，以及数据分布关系的应用、维护机制和自动化管理的能力。

3）数据集成，具备企业内部组织全面的数据服务规范、数据接口标准和数据服务管理平台，集中管理、统一采集、统一集成，促生企业内部组织数据互联互通、数据复用、多类型数据整合的数据生态，并保障持续优化和提升数据集成、数据处理、自动化辅助数据集成的能力。

4）数据架构管理，具备企业内部组织数据管理责任部门、管理规范和流程，能够指导全面应用的数据采集、数据治理、数据服务、数据维护和数据运营、数据应用需求反馈提升数据架构的能力。

5）数据共享，具备企业内部组织全面的数据开放共享策略和目录、共享服务规范、权限管理、管理流程、共享管理平台，以及数据统一共享、数据安全、数据质量、评估和改进管理的能力。

6）数据服务，具备企业内部组织全面的数据服务目录、服务规范、服务流程和管理平台，实现统一的服务方式、服务监控、统计分析、安全和质量、服务改进管理的能力。

7）元数据，具备企业内部组织全面的元数据分类和范围、元模型管理和元数据存储库，元数据标准、管理规范和流程，元数据统一管理平台，实现元数据应用需求的统一采集、治理、管理和开发，以及元数据的一致性校验、指标库管理、元数据的自动化捕获的能力。

8）主数据，具备企业内部组织的主数据管理战略和策略、分类和范围、主数据资源库，以及主数据标准、管理规范、权限管理、管理流程和主数据管理平台，实现主数据统一管理、统一考核、持续治理、持续改进和自动化管理的能力。

9）数据标准，具备企业内部组织全面的应用系统、数据的责任部门建立数据术语标准定义或参考国家和行业的标准、数据标准索引、使用规范和管理系统，以及数据标准的发布、管理、使用、维护，以及 KPI 分析指标监控和持续优化的能力。

10）数据指标，具备企业内部组织的数据指标管理战略和策略、责任部门，具备全面的数据指标分类和范围、定义、指标库和指标考核体系，以及数据指标管理规范、管理流程和管理平台，实现数据指标定义、采集、处理、计算、分析、展示和优化生命周期的可视化、自动化管理，并具备企业战略和外部监管的统一指标框架，对数据指标进行准确性、及时性、一致性、可解释性、灵活性、安全性和合规性管理，以及出具数据指标管理报告的能力。

11）数据标签，具备企业内部组织全面的数据标签的分类和范围、定义和标签库，以及管理规范、管理流程和管理系统，以实现数据标签业务化、辅助查询和知识图谱自动化的能力。

12）数据资产，具备企业内部组织的数据资产管理战略和策略、管理部门和团队，全面的数据资产分类和范围、目录、管理规范，管理流程和管理平台，以及数据资产开发、执行、监督、可视化分析、自动化管理，实现数据资产融合政策、管理、业务、技术和服务，控制、保护、交付和提升数据资产价值的能力。

13）数据质量，具备企业内部组织全面的数据认责机制、数据质量管理需求、管理模板、管理规范、评价指标、数据质量规则库和数据治理平台，使其融入数据生命周期管理，确保数据的准确性、完整性、一致性、及时性、可靠性、可访问性、唯一性和有效性，以及可持续监控、评估和改进、自动化管理的能力。

14）数据开发，具备企业内部组织全面的数据开发管理战略和策略，数据开发认责机制、标准、规范和管理流程，约束数据设计和开发、定义数据量化指标，指导数据开发的规划、执行、监控和优化数据开发项目的全过程管理，以及数据开发工具辅助自动化的能力。

15）数据分析，具备企业内部组织数据分析机制和团队，全面的数据分析应用管理规范、数据分析模型库、数据分析平台、数据接口开发与支持数据分析的应用，以及快速支撑数据分析需求、分析结果复用、分析工具辅助自动化数据分析的能力。

16）数据血缘，具备企业内部组织全面的数据血缘标准、数据血缘规范、数据关联和链路的识别，以及数据可溯源取证、数据业务关系集合价值、数据管理工具辅助自动化管理的能力。

17）监控运维，具备企业内部组织全面的数据运维标准、管理规范、管理流程和管理平台，数据监控运维绩效管理体系，数据监控运维方法、技术和工具，解决方案与数据架构、数据标准和数据质量协作，定期报告、绩效考核和持续改进，以保障数据可用性、数据质量、数据处理流程、系统性能、数据使用情况、安全性和合规性，以及数据管理工具辅助自动化监控运维的能力。

18）数据安全，具备企业内部组织的数据安全管理制度、数据安全标准、管理策略、管理流程和数据安全管理系统，落实安全责任人及数据安全管理、运营和运维的责任，定期进行安全策略、数据安全产品优化的能力。

19）数据编织，具备跨数据类型、跨平台、跨业务模式，构建自动化数据治理，以及为知识图谱层、数据资源目录层、数据消费层提供服务的能力。

20）知识图谱，具备企业内部组织的知识数据获取、知识主题数据汇聚、知识关联关系模型、知识搜索、知识推荐，以及知识管理规范、流程、知识考核评价的能力。

21）数字孪生，具备企业内部组织的数字孪生应用的管理规范、管理流程和技术平台，基于物理模型、传感器、运行历史数据构建模拟仿真的场景，或基于虚拟模型、模拟运行数据构建出真实的物理场景或真实的运行数据，并进一步对其进行考核评价、持续优化的能力。

8.2.2.5 生态级（5级）

1）数据模型，具备企业内部组织、外部生态链接的数据模型规范、数据模型和系统应用同步更新机制，指导和规划应用系统的投资、建设和维护，满足一致性、及时性、预测组织未来和外部监管的需求变化，持续优化数据模型，并实现数据资源服务创新的能力。

2）数据分布，具备企业内部组织、外部生态链的数据分布管理规范、全面的数据分布关系成果库，明确数据和流程、组织、系统间的关系，确定数据分类、权威数据源和数据部署，量化分析数据的业务价值，优化数据存储和集成的关系，建立数据分布关系的应用、维护机制和管理流程的能力。

3）数据集成，具备企业内部组织、外部生态链的数据开放服务目录、服务规范、数据接口标准和数据开放服务管理平台，集中管理、安全管理、统一采集、统一集成，以实现数据互联互通、数据复用、多类型数据整合的数据生态，并同时保持持续优化和提升数据集成、数据处理、智能化辅助数据集成的能力。

4）数据架构管理，具备企业内部组织、外部生态链的数据管理责任部门、管理规范和流程，能够指导全面的数据采集、数据治理、数据服务、数据维护、数据运营、数据应用需求反馈提升数据架构的能力。

5）数据共享，具备企业内部组织、外部生态链接的数据开放共享策略和目录、共享服务规范、权限管理、管理流程、数据共享管理平台，以及对数据进行统一共享、安全、质量、评估和改进管理的能力。

6）数据服务，具备企业内部组织、外部生态链的数据服务目录、服务规范、服务流程和管理平台，以实现统一的服务方式、服务监控、统计分析、安全和质量、服务改进管理的能力。

7）元数据，具备企业内部组织、外部生态链的元数据分类和范围、元模型管理、元数据存储库，元数据标准、管理规范、权限管理、管理流程和元数据统一管理平台，以实现元数据应用需求的统一采集、治理、管理和开发，以及元数据的一致性校验、指标库管理、元数据的自动化捕获、元数据的语义互操作性实现数据无缝集成的能力。

8）主数据，具备企业内部组织、外部生态链的主数据管理战略和策略、分类和范围、主数据资源库，以及主数据标准、管理规范、权限管理、管理流程和主数据管理平台，以实现主数据统一管理、统一考核、持续治理和持续改进，以及自动化、智能化管理的能力。

9）数据标准，具备企业内部组织、外部生态链的应用系统、数据的责任部门建立数据术语标准定义或参考国家和行业的标准、数据标准索引、使用规范和管理系统，以及数据标准的发布、管理、使用、维护，以及 KPI 分析指标监控和持续优化的能力。

10）数据指标，具备企业内部组织、外部生态链的数据指标管理战略和策略、责任部门，数据指标的分类和范围、定义、指标库和指标考核体系，数据指标管理规范、管理流程和管理平台，数据指标定义、采集、处理、计算、分析、展示和优化生命周期的可视化、自动化和智能化管理，企业战略和外部监管的统一指标框架，数据指标准确性、及时性、一致性、可解释性、灵活性、安全性和合规性管理，以及数据指标管理报告、数据指标应用与价值、数据指标最佳实践的能力。

11）数据标签，具备企业内部组织、外部生态链的数据标签的分类和范围、定义、标签库，以及管理规范、管理流程和管理系统，以实现数据标签业务化、辅助查询和知识图谱自动化、智能化的能力。

12）数据资产，具备企业内部组织、外部生态链的数据资产管理战略和策略、管理部门和团队，数据资产分类和范围、目录、管理规范，管理流程和管理平台，以及数据资产开发、执行、监督、可视化分析、自动化和智能化管理，以实现数据资产融合政策、管理、业务、技术和服务，控制、保护、交付和提升数据资产价值的能力。

13）数据质量，具备企业内部组织、外部生态链的数据认责机制、数据质量管理需求、管理模板、管理规范、评价指标、数据质量规则库和数据治理平台，融入数据生命周期管理，以确保数据的准确性、完整性、一致性、及时性、可靠性、可访问性、唯一性和有效性，并同时保持持续监控、评估和改进、自动化、智能化管理的能力。

14）数据开发，具备企业内部组织、外部生态链的数据开发管理战略和策略及数据开发认责机制、标准、规范和管理流程，以约束数据设计和开发、定义数据量化指标，指导数据开发规划、执行、监控和优化数据开发项目全过程管理，并实现数据开发工具辅助自动化、智能化的能力。

15）数据分析，具备企业内部组织、外部生态链的数据分析机制和团队，数据分析应用管理规范、数据分析模型库、数据分析平台、数据接口开发与支持数据分析的应用，以及快速支撑数据分析需求、分析结果复用、分析工具辅助自动化和智能化数据分析的能力。

16）数据血缘，具备企业内部组织、外部生态链的数据血缘标准、数据血缘规范、管理技术和管理平台，数据血缘从数据源的识别、数据流追踪、数据处理记录、数据使用登记和评估的全过程管理，以及数据可溯源取证、数据业务关系集合价值、数据管理工具辅助自动化和智能化管理的能力。

17）监控运维，具备企业内部组织、外部生态链的数据运维标准、管理规范、管理流程和管理平台，数据监控运维绩效管理体系，数据监控运维方法、技术和工具，解决方案与数据架构、数据标准和数据质量协作，定期报告、绩效考核和持续改进，实现数据可用性、数据质量、数据处理流程、系统性能、数据使用情况、安全性和合规性，以及数据管理工具辅助自动化、智能化监控运维的能力。

18）数据安全，具备融合企业内部组织、外部生态链的数据安全管理制度、数据安全标准、管理策略、管理流程和数据安全管理平台，以落实安全责任人及数据安全管理、运营和运维的责任，定期进行安全策略、数据安全产品优化的能力。

19）数据编织，具备跨数据类型、跨平台、跨业务模式、跨数据中心、跨合作生态的数据整合，构建自动化、智能化数据治理，以及为知识图谱层、数据资源目录层、数据消费层提供服务的能力。

20）知识图谱，具备融合企业内部组织、外部生态链的知识数据获取、知识主题数据汇聚、知识关联关系模型、知识搜索、知识推荐，以及知识管理规范、流程、知识考核评价的能力。

21）数字孪生，具备融合企业内部组织、外部生态链的数字孪生应用的管理规范、管理流程和技术平台，基于物理模型、传感器、运行历史数据构建模拟仿真的场景，或基于虚拟模型、模拟运行数据构建出真实的物理场景或真实运行数据的能力。

22）人工智能，具备融合企业内部组织、外部生态链的数据利用人工智能模型应用的管理规范、管理流程和大模型平台,持续研究、开发、模拟、延伸和扩展,以实现以自然语义理解的数据搜索、数据展示、数据使用、数据优化和考核评价的能力

23)数据挖掘,具备融合企业内部组织、外部生态链的数据使用机器学习和人工智能技术进行挖掘应用的管理规范、管理流程、数据挖掘平台,利用算法进行自动化分析、决策模型等技术,实现易于理解的数据形式展现、使用,以及考核评价、持续改进的能力。

24)区块链,具备多区域、多类型数据信息区块链技术应用的管理规范、管理流程和区块链技术平台,实现数据分布任意节点副本存储、数据交换、节点自由加入及离开、自动化数据处理,以及考核评价的能力。

9 基础架构

9.1 资源架构

9.1.1 能力因子

资源架构管理数字化能力因子,主要包括:网络资源、算力资源、存储资源、超算资源、软件资源、资源服务 6 个能力因子。

1)网络资源,指用于支持数据传输和通信的网络设备、设施、介质、协议等资源,包括路由器、交换机等硬件设备,以及网络拓扑架构、协议、带宽等软硬件要素。其中,高级别网络功能、网络资源高可用性、网络资源高可扩展性、强大的网络服务说明如下。

高级别网络功能 主要包括:软件定义网络(SDN)、网络功能虚拟化(NFV)、动态路径选择与优化、应用感知网络、高级安全功能、广域网优化、自动化与编排、支撑边缘计算与雾计算、支撑人工智能与机器学习(生态级)等。

网络资源高可用性 主要包括:冗余设计、负载均衡、故障检测与自动切换、软件定义网络(SDN)和网络功能虚拟化(NFV)、灾难恢复、性能监控与分析、改进维护与升级等。

网络资源高可扩展性 主要包括:模块化和层次化设计、虚拟化与容器化、自动化与编排、支撑弹性计算与存储资源(生态级)、支撑内容分发网络(CDN)、支撑分布式系统与微服务架构、监控与预测分析等。

强大的网络服务 主要包括:高性能网络连接、云原生网络服务(生态级)、安全防护与合规性、智能化运维与管理(生态级)、灵活的网络架构、全球化服务与支持(生态级)、定制化解决方案等。

2)算力资源,指计算机硬件和软件配合共同执行某种计算任务的处理能力,通常以浮点运算能力(FLOPS)或每秒万亿次操作(TOPS)来衡量。应用方式主要分为:单机计算、并行计算、分布式计算和云计算。相关说明如下:

单机计算 指利用单个计算机系统的单个处理器计算的算力应用方式。

并行计算 指利用单个计算机系统的多个处理器,同时执行同一任务的不同部分计算任务的计算方式。

分布式计算 指将一个大型任务分解成多个较小的任务,并通过网络通信联合多台计算机进行联合计算的计算方式。

云计算 指海量信息时代新的计算架构,是将计算、存储、超算、软件和网络等资源通过虚拟化技术形成在云端的资源池,通过网络接入资源的方式提供服务,实现丰富全面的 IaaS(基础架构即服务)、PaaS(平台即服务)、SaaS(软件即服务)。

3）存储资源，指用于存储和管理数据的设备、系统和技术，并能够满足计算系统对数据读写、存储和检索的需求。存储资源包含存储介质、存储系统和存储技术 3 个方面，相关说明如下：

存储介质 指用于存储数据的硬盘驱动器、固态硬盘和磁带库等。

存储系统 指用于管理数据存储的文件系统和数据库系统。

存储技术 指存储采用的块存储、文件存储、对象存储和分布式存储技术。

4）超算资源，指超级计算机（超算）具备的计算能力和配套资源，包括极高的计算能力、庞大的数据存储容量和快速的数据处理速度，用于解决科学、工程和大规模数据分析等领域的复杂计算问题。包括高性能计算集群、超级计算机，用于处理大规模、高复杂度计算任务。

5）软件资源，指用于支持计算机系统运行和应用开发的各类软件程序和工具，包括操作系统、开发工具、数据库管理系统、应用程序、中间件等，用于实现各种功能和服务。

6）资源服务，指上述资源服务的提供方式，主要包括：本地资源、局域网资源、云计算多层次服务等资源服务的提供方式。

9.1.2 能力水平

9.1.2.1 初始级（1 级）

1）网络资源，具备基本的网络连接和服务的能力。

2）算力资源，具备基本的日常应用计算的能力。

3）存储资源，具备基本的数据存储的能力。

4）软件资源，具备基本的软件配置和管理的能力。

5）资源服务，具备本地交付资源服务的能力。

9.1.2.2 局部级（2 级）

1）网络资源，具备面向局部应用场景或局部用户群体的功能和服务的能力。

2）算力资源，具备基本的**并行计算**、**分布式计算**，以及支持中等规模计算的能力。

3）存储资源，具备常规业务数据存储和基本的数据备份措施的能力。

4）超算资源，具备一定规模的、性能有限的高性能计算的能力。

5）软件资源，具备常见的、中等规模及复杂程度软件配置和管理的能力。

6）资源服务，具备本地交付、局部**云计算**资源服务的能力。

9.1.2.3 系统级（3 级）

1）网络资源，具备通用性、可用性、可扩展性和安全性的网络资源，组织化架构的网络配置和管理，基本的网络监控、访问控制、权限管理、本地备份恢复管理，以及支持复杂业务和组织内大部分用户接入的能力。

2）算力资源，具备**并行计算**、**分布式计算**和入门级**云计算**资源，一定的虚拟化应用、资源调度和管理、备份，以及支持复杂计算的能力。

3）存储资源，具备较大规模数据存储资源、一定的备份系统，以及支持复杂数据存储的能力。

4）超算资源，具备一定规模的高性能超算资源、基本的超算作业和性能优化管理，以及支持复杂科研计算的能力。

5）软件资源，具备一般业务需求的软件资源、基本的标准化和自动化管理，以及支持复杂应用软件配置和管理的能力。

6）资源服务，具备本地交付、企业内部组织架构管理的局域网、入门级**云计算**，以及基本的虚拟化资源调度、本地备份服务的能力。

9.1.2.4 **成熟级(4级)**

1) 网络资源,具备**高级别网络功能、网络资源高可用性、网络资源高可扩展性、强大的网络服务**,以及支持多数据中心互联、业务地理扩展、组织内所有用户的接入、自动化配置管理和性能监控的能力。

2) 算力资源,具备高性能的**并行计算、分布式计算**和**云计算**相结合的算力,支持大规模复杂计算任务,以及自动化的资源调度和管理、关键业务备份和灾备的能力。

3) 存储资源,具备高性能和高可靠的数据存储系统、关键业务的备份和灾备系统,以及支持大规模数据存储和处理的能力。

4) 超算资源,具备高性能超算集群、超算作业和性能优化管理,以及支持大规模和复杂业务计算、关键业务的备份和灾备的能力。

5) 软件资源,具备业务需求的软件资源、标准化和自动化管理,以及支持大规模和复杂业务软件配置和管理的能力。

6) 资源服务,具备本地交付、内部组织及分公司组织架构管理的局域网交付、**云计算**基本的多层次服务交付相结合的资源服务,以及企业局域网与企业私有云互联互通、关键业务备份的能力。

9.1.2.5 **生态级(5级)**

1) 网络资源,具备**高级别的网络功能、网络资源高可用性、网络资源高可扩展性、强大的网络服务**,以及支持多数据中心互联、产业链所有用户接入、全球化服务与支持、自动化和智能化配置管理和性能监控的能力。

2) 算力资源,具备领先的通用算力资源配置,支持超大规模和超复杂计算,以及卓越的性能、调度和管理、备份和容灾的能力。

3) 存储资源,具备领先的存储资源配置,支持海量数据存储和分析,具备卓越的性能、可靠性、灵活性及备份、灾备和容灾的能力。

4) 超算资源,具备领先的超算资源配置,支持超大规模及超复杂计算,具备卓越的性能、灵活性、完善的管理及备份、灾备和容灾能力。

5) 软件资源,具备领先的软件配置,标准化、自动化、智能化管理和生态集成,以及支持大规模应用、复杂应用和创新性应用软件配置和管理的能力。

6) 资源服务,具备企业组织内部、分公司、上级公司、控股公司、产业链上下游业务应用场景的本地交付、组织架构管理的局域网交付、全面的**云计算**交付相结合的资源服务,以及各类组织的局域网、**云计算**互联互通、支撑任何规模灾难的迅速恢复业务的能力。

9.2 信息安全

9.2.1 能力因子

信息安全管理数字化能力因子,主要包括:信息安全组织、信息安全设施、信息安全服务、数据安全应急策略、网络安全应急策略5个能力因子。

1) 信息安全组织,指为保障信息安全所需的管理组织、职责和岗位资质的人力资源。

2) 信息安全设施,指用于保护网络系统和信息系统安全的信息安全工具(包括硬件设备、软件系统)和安全策略的总称。这些设施可以帮助企业或组织防止未经授权的访问、攻击、数据泄露等网络安全威胁,保证网络系统和信息系统数据的安全性、机密性和可用性。信息安全工具和安全策略的相关说明如下。

信息安全工具　主要包括:态势感知平台、威胁情报平台、安全网络设备(防火墙、入侵检测系统 IDS/入侵防御系统 IPS、虚拟专用网络 VPN)、安全信息和事件管理(SIEM)系统、密码密钥管理器、身份与访问管理(IAM)、双因素或多因素认证(2FA/MFA)、漏洞扫描管理工具、终端安全管理系统(包括防病毒/反恶意软件)、数据脱敏工具、数据加密工具、数据丢失防护(DLP)系统、备份与灾难恢复系统、自动化与响应(SOAR)、安全审计与合规性软件等,信息安全工具的配置程度一般分为基础级、中级、高级、专业级和企业级。

安全策略　是组织为了保护其信息资产而制定的一系列规则和程序,包括从宏观层面的治理到具体技术实施的多个方面,具体包含:目的和范围、资产和信息分类与控制、信息保留、安全工具和技术配置、网络流量控制、VPN 和远程访问控制、监督与执行、定期复查和更新、漏洞管理、数据备份、应急响应机制、安全测试、应用程序级灾难恢复、合规和安全审计等。

3) 信息安全服务,指为保护组织的信息资产和信息系统的安全而提供的一系列专业服务。信息安全服务内容的相关说明如下。

信息安全服务内容　主要包括:安全咨询与规划、安全架构与实施、威胁检测与响应、终端安全服务、云安全服务、安全培训与意识、安全运维与管理、渗透测试与漏洞管理等。

4) 数据安全应急策略,指面对可能发生的数据安全事件,为迅速响应、控制损失、恢复运营并保持合规而采取的一系列预先规划的数据安全监测、数据安全应急措施,相关说明如下。

数据安全应急措施　主要包括:建设应急响应组织、制定应急处理预案、风险评估与监控、培训和演练、数据备份和恢复、信息沟通和报告、合规管理、后事件分析与改进、供应商与合作伙伴管理等内容。

灾难恢复措施　主要包括:数据备份策略(定期备份、增量和差异备份、备份验证、多副本备份)、灾备策略(灾难恢复计划、主备数据中心/热备份站点、备用软硬件、恢复服务、可接受的恢复时间和恢复点目标)、容灾策略(容灾恢复计划、多站点/多区域数据中心部署、云容灾服务、更高的无干预/自恢复能力)、灾备和容灾的技术实现(数据复制技术、虚拟化技术、故障转移机制、多数据中心、自动化工具)等。

5) 网络安全应急策略,指面对可能发生的网络安全事件,为迅速响应、控制损失、恢复运营并保持合规而采取的一系列预先规划的整体网络安全应急措施、专项网络安全应急措施。这些措施可通过信息安全工具和安全策略进行实施。相关说明如下。

整体网络安全应急措施　主要包括:制定政策法规与标准、建设应急响应机制、建立监测预警系统、制定应急预案与开展演练、加强教育培训、开展技术研究与创新等内容。

专项网络安全应急措施　主要包括:保护关键信息基础设施、云计算服务安全评估、数据泄露应急管理、勒索病毒应对、供应链安全管理等内容。

9.2.2 能力水平

9.2.2.1 初始级(1 级)

1) 信息安全组织,具备企业信息安全分管领导、运营管理岗位和人员进行管理的能力。
2) 信息安全设施,具有基础级的**信息安全工具**和对应的**安全策略**进行管理和处置的能力。
3) 信息安全服务,具备基本的**信息安全服务内容**提供服务的能力。
4) 数据安全应急策略,具备基本的**数据安全应急措施**和**灾难恢复措施**的备份措施进行管理和处置的能力。
5) 网络安全应急策略,具备基本的**整体网络安全应急措施**进行管理和处置的能力。

9.2.2.2 **局部级(2级)**

1）信息安全组织,具备企业信息安全分管领导、运营管理岗位的职责和人员进行管理的能力。

2）信息安全设施,具备中级的**信息安全工具**和对应的**安全策略**进行管理和处置,以及核心基础硬件(监测测量工具、通信设备、核心处理芯片等)、核心基础软件(操作系统、数据库、中间件等)、核心应用软件(程序代码、框架、组件等)国产率或开源率达到30%的能力。

3）信息安全服务,具备企业局部组织主要的**信息安全服务内容**提供服务的能力。

4）数据安全应急策略,具备基本的**数据安全应急措施**和**灾难恢复措施**的备份措施进行管理、处置、评估和改进的能力。

5）网络安全应急策略,具备基本的**整体网络安全应急措施**进行管理、处置、评估和改进的能力。

9.2.2.3 **系统级(3级)**

1）信息安全组织,具备企业信息安全分管领导、运营管理部门、岗位职责和人员进行管理的能力。

2）信息安全设施,具备企业内部高级的**信息安全工具**和对应的**安全策略**进行管理和处置,核心基础硬件(监测测量工具、通信设备、核心处理芯片等)、核心基础软件(操作系统、数据库、中间件等)、核心应用软件(程序代码、框架、组件等)国产率或开源率达到50%的能力。

3）信息安全服务,具备企业内部主要的**信息安全服务内容**服务的能力。

4）数据安全应急策略,具备主要的**数据安全应急措施**和**灾难恢复措施**的备份措施进行管理、处置、评估和改进的能力。

5）网络安全应急策略,具备主要的**整体网络安全应急措施**和**专项网络安全应急措施**进行管理、处置、评估和改进的能力。

9.2.2.4 **成熟级(4级)**

1）信息安全组织,具备企业信息安全分管领导、运营管理部门、企业内部各组织、生产项目的岗位职责和人员进行管理的能力。

2）信息安全设施,具有企业内部专业级的**信息安全工具**和对应的**安全策略**进行管理和处置,核心基础硬件(监测测量仪器、通信设备、核心处理芯片等)、核心基础软件(操作系统、数据库、中间件等)、核心应用软件(程序代码、框架、组件等)国产率或开源率达到80%的能力。

3）信息安全服务,具备企业内部全面的**信息安全服务内容**服务,以及数字化、自动化的信息安全服务的能力。

4）数据安全应急策略,具备全面的**数据安全应急措施**和**灾难恢复措施**的备份和灾备措施进行管理、处置、评估和改进,保障数据安全性、完整性和可用性的能力。

5）网络安全应急策略,具备企业内部全面的**整体网络安全应急措施**和**专项网络安全应急措施**进行管理、处置、评估和改进,以及数字化、自动化的能力。

9.2.2.5 **生态级(5级)**

1）信息安全组织,具备企业信息安全领导、运营管理部门、企业内部组织、集团化及关联组织、外部合作组织、产业链、生产项目的岗位职责和人员进行管理的能力。

2）信息安全设施,具有企业内部、外部生态链企业级的**信息安全工具**和对应的**安全策略**进行管理和处置,核心基础硬件(监测测量仪器、通信设备、核心处理芯片等)、核心基础软件(操作系统、数据库、中间件等)、核心应用软件(程序代码、框架、组件等)均为国产产品或开源产品的能力。

3）信息安全服务，具备全企业内部、外部生态链全面的**信息安全服务内容**服务、评估和改进，以及自动化、智能化的能力。

4）数据安全应急策略，具备企业内部、外部生态链全面的**数据安全应急措施**和**灾难恢复措施**的备份、灾备和容灾措施进行管理、处置、评估和改进，以及自动化、智能化的能力。

5）网络安全应急策略，具备企业内部、外部生态链全面的**整体网络安全应急措施**和**专项网络安全应急措施**进行管理、处置、评估和改进，以及自动化、智能化的能力。

10 基础设施

10.1 数据中心

10.1.1 能力因子

数据中心管理数字化能力因子，主要包括：建设标准、建筑空间、电力供应、空气调节、网络系统、综合布线、安全防范、消防安全、环境监控、设备监控10个能力因子。

1）建设标准，指在国家标准《数据中心设计规范》（GB 50174）规定的分级与性能要求下，有关选址与设备布置、环境、建筑与结构、空气调节、电气、电磁屏蔽、网络与布线、智能化、给水排水、消防与安全相应的规定。

2）建筑空间，指数据中心建筑物的整体设计，包括数据中心选址、功能区组成、设备布置，确保数据中心建筑空间能够容纳数据中心运行所必要的硬件设备和工作场所。

3）电力供应，指供配电系统为数据中心系统的设备和设施提供稳定、可靠的电力。包括电源系统、备用电源、不间断电源系统、配电系统，以及相关的管理和监测系统。

4）空气调节，指采取一系列技术和设备来维持数据中心内部的温度在适当的范围内，以确保服务器和其他设备能够正常运行。

5）网络系统，指数据中心网络的互联网络、前端网络、后端网络和运管网络。

6）综合布线，指连接所有网络设备、服务器、存储设备以及其他关键组件，确保数据和指令能够高效、可靠传输线路的综合布置。主要包括：主配线区、中间配线区、水平配线区、区域配线区、设备配线区，以及光纤和铜缆布线、电缆管理和物理布局等。

7）安全防范，指数据中心的门禁控制、视频监控、入侵检测系统和出入人员管理。

8）消防安全，指采取一系列措施和设备来防范、控制和扑灭火灾，以确保数据中心的安全和可靠运行。数据中心的消防措施旨在保护设备、数据以及人员的安全。

9）环境监控，指对数据中心物理环境的有效管理和控制，以支持数据中心设备稳定运行和保障人员健康。主要包括对温度、湿度、漏水和空气质量环境监控、报警和记录。

10）设备监控，指对数据中心机电设备的运行状态、能耗进行实时监控记录，监控的主要参数应纳入设备监控系统，以确保设备的正常运行、性能优化，以及故障报警和排除。

10.1.2 能力水平

10.1.2.1 初始级（1级）

1）建筑空间，具备最基本的独立机房空间。

2）电力供应，具备满足设备负载需求的电力供应能力，但可能不具备备用电源或不间断电源（UPS）支持。

3）空气调节，具备最基本的制冷能力，保证机房空间、设备安全和正常运行。

4）网络系统，具备互联网和简单的内部网络架构。

5）安全防范，具备基础的安全措施，如机械锁或门禁、人员出入登记管理。

6）消防安全，具备耐火等级不低于二级的机房空间、符合规范的安全疏散，室内消火栓系统覆盖范围和独立的建筑灭火器，基本的火灾报警及切断非消防电源、一定的消防安全管理的能力。

10.1.2.2 局部级(2 级)

1）建筑空间，具备基本的独立机房空间，一般宜由主机房、辅助区、支持区和行政管理区等功能区组成。

2）电力供应，具备设备负载需要的电力供应、独立供电系统和不间断电源(UPS)支持的能力。

3）空气调节，具备独立控制的制冷设施，支持 7×24 小时工作及冗余设备的能力。

4）网络系统，具备一定层级及区块的内部网络架构的能力。

5）综合布线，具备一定层级及区块的综合布线的能力。

6）安全防范，具备基础的安全措施，如门禁和基本的视频监控、人员出入管理。

7）消防安全，具备耐火等级不低于二级的机房空间、符合规范的安全疏散，室内消火栓系统和独立的建筑灭火器、火灾自动报警系统及消防联动、分区域自动切断非消防电源、主机房可设置自动灭火系统、规范的防排烟设施及配套设备的消防设施、人员工作区域自动喷水灭火系统、一般的消防安全管理的能力。

8）环境监控，具备简易的温度、湿度和漏水环境监控报警装置，以及告警和自动通知的能力。

10.1.2.3 系统级(3 级)

1）建设标准，具备 C 级或 C 级以上建设标准的数据中心，场地设施应按基本需求配置，在场地设施正常运行情况下，应保证电子信息系统运行不中断。

2）建筑空间，具备独立的机房空间，主要包括：主机房、辅助区、支持区和行政管理区等功能区，以及能满足机房管理、人员操作和安全、设备和物料运输、设备散热、安装和维护等要求的空间。

3）电力供应，具备两回线路供电和不间断电源(UPS)提供电力的能力。

4）空气调节，具备机房专用空调，控制温度在 27°C 以下的能力。

5）网络系统，具备一定层级及复杂度的内部网络架构的能力。

6）综合布线，具备线缆标识系统和体现美观度的能力。

7）安全防范，具备基础的安全措施，应设置机械锁和入侵探测器，如门禁和基本的视频监控、人员出入管理。

8）消防安全，具备耐火等级不低于二级的机房空间、符合规范的安全疏散，室内消火栓系统和独立的建筑灭火器、火灾自动报警系统及消防联动、分区域自动切断非消防电源、主机房宜设置气体灭火系统/可设置细水雾灭火系统、规范的防排烟设施及配套设备的消防设施、人员工作区域自动喷水灭火系统、规范的消防安全管理体系的能力。

9）环境监控，具备一般能力的环境监控系统，实时监测温度、湿度和漏水，以及告警和自动通知的能力。

10.1.2.4 成熟级(4 级)

1）建设标准，具备采用自建或互联网数据中心(IDC)托管模式建设的数据中心。在多数据中心情况下，根据企业应用特性决定各数据中心的角色及功能。

2）建筑空间，满足电子信息系统机房设置及设备布置标准规范。位置选择：位于地震、洪水等自然灾害风险较低的区域，远离有害气体和污染源。建筑结构：抗震性能强，建筑物结构稳固，能够承受极端环境影响。抗震性能符合当地规定，抗震设防不低于丙类。

3）电力供应，N+1 或 2N 的电源冗余设计，确保电力供应的冗余性和可靠性。双路供电和双路变压器。电力负荷均衡，配备自动切换设备。配备不间断电源（UPS）和发电机，确保电力中断时的持续供电。

4）空气调节，严格控制温度、湿度和空气质量，采用高效的空调和制冷系统。

5）网络系统，具备分区分层的网络架构设计的能力。

6）综合布线，采用冗余的电缆、光纤布线，减少故障风险。避免单点故障。网络和电源分离布线。进线间不少于 1 个。

7）安全防范，严格的门禁控制、视频监控、入侵检测系统和出入人员管理。

8）消防安全，具备耐火等级不应低于二级的机房空间、符合规范的安全疏散，室内消火栓系统和独立的建筑灭火器、火灾报警系统及消防联动、分区域自动切断非消防用电、主机房气体灭火系统、规范的防排烟设施及配套设备的消防设施、人员工作区域自动喷水灭火系统、完善的消防安全管理体系的能力。

9）环境监控，具备高级的环境监控系统，实时监测温度、湿度、漏水、空气质量数据以及异常告警和自动通知的能力。

10）设备监控，具备高级的设备监控系统，实时监控和记录机电设备的运行状态、能耗，以及异常告警、自动通知和故障排除的能力；机房专用空调、冷水机组、柴油发电机组、不间断电源系统等设备应自带系统，监控的主要参数能够纳入设备监控系统。

10.1.2.5 生态级（5 级）

1）建设标准，采用自建或互联网数据中心（IDC）托管模式建设的数据中心。在多数据中心情况下，根据企业应用特性决定各数据中心的角色及功能。

2）建筑空间，满足电子信息系统机房设置及设备布置标准规范。位置选择：位于地震、洪水等自然灾害风险较低的区域，远离有害气体和污染源。建筑结构：抗震性能强，建筑物结构稳固，能够承受极端环境影响。抗震性能符合当地规定，抗震设防不低于乙类。

3）电力供应，N+1 或 2N 的电源冗余设计，确保电力供应的冗余性和可靠性。双路供电和双路变压器。电力负荷均衡，配备自动切换设备。配备不间断电源（UPS）和发电机，确保电力中断时的持续供电。满足 12 h 供电用油。

4）空气调节，严格控制温度、湿度和空气质量，采用高效的空调和制冷系统。

5）网络系统，具备冗余分区分层的网络架构设计的能力。

6）综合布线，采用冗余的电缆、光纤布线，减少故障风险。避免单点故障。网络和电源分离布线。进线间不少于 2 个。

7）安全防范，具备严格的门禁控制、视频监控和入侵检测系统。

8）消防安全，具备耐火等级不应低于一级的机房空间、符合规范的安全疏散，室内消火栓系统和独立的建筑灭火器、火灾自动报警系统及消防联动、分区域自动切断非消防用电、主机房气体灭火系统及精准控制灭火、规范的防排烟设施及配套设备的消防设施、人员工作区域自动喷水灭火系统、完善的消防安全管理生态体系的能力。

9）环境监控，具备高级的环境监控系统，实时监测和记录温度、湿度、漏水、空气质量，以及异常告警、自动通知，以及自动化和智能化故障排除的能力。

10）设备监控，具备高级的设备监控系统，实时监控和记录机电设备的运行状态、能耗，以及异常告警、自动通知,以及自动化和智能化故障排除的能力;机房专用空调、冷水机组、柴油发电机组、不间断电源系统等设备应自带系统,监控的主要参数能够纳入设备监控系统。

10.2 办公环境

10.2.1 能力因子

办公环境管理数字化能力因子,主要包括:网络接入、办公模式、工作区域、资源服务 4 个能力因子。

1) 网络接入,指企业或组织用户通过有线/无线网络接入支持日常办公活动的计算机网络系统,包括硬件、软件、协议和服务等多个层面,为实现资源共享、信息传递、高效协作和信息安全提供有效保障。

2) 办公模式,指员工办公方式的组织形式及其优化,以实现高效、绿色、生态的发展。办公模式主要包括:传统方式、共享办公、远程办公,以及上述方式组合的模式。每种办公方式都有其优势和局限性,企业可根据自身业务特点、员工需求和工作性质来选择最适合的办公模式,并配备相应的办公资源。

3) 工作区域,指为不同背景的专业人士和团队提供灵活、协作、充满活力的共享办公环境,以及相关资源预定、区域管理和服务。共享办公环境主要包括:开放工位、固定工位、协作区域、静音区、多功能会议室、打印区、储物柜等区域和设施。部分共享办公环境相关说明如下:

开放工位 适合需要灵活办公者或短期使用者,座位不固定,实行预约,先到先得,鼓励社交互动和多样性。

固定工位 为需要稳定工作空间的用户提供专属座位,虽然仍在开放区域,但位置固定,可存放个人物品。

协作区域 包括会议室、讨论区、沙发区、休息区等,专为团队讨论、头脑风暴和非正式会议设计,促进创意和信息的自由流动。

静音区 设立专注工作区或电话亭,减少干扰,常配有隔音设施,适合需要高度集中精力的任务。

多功能会议室 配备先进视听设备的会议室,支持视频会议,预订系统方便快捷,适合远程协作和客户会议。

4) 资源服务,指对办公空间和环境、网络接入、办公设备和设施、办公用品等服务和管理。

10.2.2 能力水平

10.2.2.1 初始级(1 级)

1) 网络接入,具备基础的综合布线系统,满足基本连接需求,但可能缺乏高度灵活性和扩展性。初始的区域之间基本连接,采用简单的网络设备。

2) 办公模式,具备传统办公方式的能力。

3) 资源服务,具备大部分本地交付的算力、存储,以及局域网交付共享文件和软件的能力。

10.2.2.2 局部级(2 级)

1) 网络接入,具备基础的网络综合布线系统和普通办公无线网络,但可能支持的设备和服务有限。区域之间的网络设备和技术单一,区域/楼宇之间的连接质量较低。

2) 办公模式,具备大部分传统办公、少部分远程办公的能力。

3) 资源服务,具备有限的局域网资源服务的能力。

10.2.2.3 **系统级(3级)**

1) 网络接入,具备高性能的网络综合布线系统和普通办公无线网络,支持大量设备和服务接入。区域之间网络引入更先进的网络设备和技术,区域/楼宇之间的连接质量稳定可靠。

2) 办公模式,具备传统办公、部分共享办公、部分远程办公的能力。

3) 工作区域,具备工作区域包括**固定工位**、**开放工位**、**协作区域**、**静音区**、**多功能会议室**等空间配置和工作区域服务的能力。

4) 资源服务,具备共享办公工作区域、局域网资源、部分云计算资源服务,以及部分远程办公资源服务的能力。

10.2.2.4 **成熟级(4级)**

1) 网络接入,具备高性能、高密度的网络综合布线系统和普通办公无线网络,具备安全准入系统,支持设备和服务的按需切换。区域之间网络引入高级的网络设备和负载均衡及冗余技术,区域/楼宇之间的连接质量高效可靠。

2) 办公模式,具备部分传统办公、规模化共享办公、规模化远程办公的能力。

3) 工作区域,具备工作区域包括**固定工位**、**开放工位**及其终端设备、**协作区域**及其终端设备、**静音区**、**多功能会议室**等空间配置的能力。

4) 资源服务,具备共享办公工作区域、局域网资源、规模化云计算资源服务,以及规模化远程办公资源服务的能力。

10.2.2.5 **生态级(5级)**

1) 网络接入:具备最先进的综合布线和连接技术,具备低延迟、低占用的网络互联应用能力。区域网络链接方面以提供高性能、高可靠性和灵活性且可管理的连接为主要目标。

2) 办公模式,具备必要的传统办公、部分共享办公、适用业务大部分远程办公的能力。

3) 工作区域,具备工作区域包括**固定工位**、**开放工位**及其终端设备、**协作区域**及其终端设备、**静音区**、**多功能会议室**等空间配置的能力。

4) 资源服务,具备共享办公工作区域、局域网资源、大部分云计算资源服务,以及远程办公资源服务的能力。

附录

（规范性）

工程勘察设计管理数字化能力评价表

工程勘察设计管理数字化能力评价表

序号	能力域	能力项	权重	能力项得分	加权分	能级
1	运营决策	数字运营	1.2			
2	生产经营	经营管理	1.4			
3		全过程工程咨询	1.5			
4		生产作业	1.5			
5	管理支撑	综合管理	0.8			
6		知识管理	0.8			
7		人力资源	0.8			
8		财务管理	0.8			
9		科技质量	0.8			
10		数字化管理	0.8			
11		风险管理	0.8			
12		审计管理	0.8			
13	应用与数据	应用架构	1.2			
14		数据架构	1.2			
15	基础架构	资源架构	1.2			
16		信息安全	1			
17	基础设施	数据中心	0.8			
18		办公环境	0.6			
19	综合得分					
20	综合能级					

说明：

1. 单项能级分值：1 级 1~20，2 级 21~40，3 级 41~60，4 级 61~80，5 级 81~100。
2. 综合能级分值：1 级 1~360，2 级 361~720，3 级 721~1080，4 级 1081~1440，5 级 1441~1800。
3. 评价指标：**能力项得分**（不加权）、**综合得分**（加权）和**综合能级**。
4. 计算方法：1）计算步骤

   a. 先计算出能力项得分，再按照权重算出能力项加权分和综合得分，最后按照综合能级分值折算出综合能级。

   2）能力项得分计算

   a. 某能力因子符合度＝该能力因子符合分（单选：0、1、2、3、4、5 分）/该能力因子总分（5 分），同一能力因子不得跨能级重复计分；

   b. 某能级得分＝所在能级能力因子符合度之和 * 所在能级最高分值/所在能级能力因子数；

   c. 某能力项得分＝该能力项各能级得分之和。

5. 计算公式：

$$P_n = \Sigma_c\{\Sigma_e(E_a/E_b) \times M_c/N\}$$

P_n　能力项得分，n 表示 1~18 个能力项。

E_a　能力项>能级>能力因子符合分（单选：0、1、2、3、4、5 分）。

E_b　能力项>能级>能力因子总分（＝5 分）。

E_a/E_b　能力项>能级>能力因子符合度。

Σ_e　能力项>能级>能力因子符合度之和，e 表示能力因子。

M_c　各能级最大分值,1 级 20, 2 级 40, 3 级 60, 4 级 80, 5 级 100。

N　能力项>能级>能力因子数。

Σ_c　能力项>各能级得分之和,c 表示能级。

6. 计算工具:本标准提供了计算工具,使用步骤如下。

1）在某能力项中,针对某能力因子筛选符合的能级,均不符合选择“无”;

2）在“能力因子符合分”栏目填写所选能力因子的符合分数值(按能力因子符合程度填写 1、2、3、4、5 分);

3）计算工具自动计算完成能力项得分、综合得分和综合能级。

参考文献

[1] 国家市场监督管理总局,国家标准化管理委员会. 信息化和工业化融合管理体系 新型能力分级要求:GB/T 23006—2022[S].

[2] 国家市场监督管理总局,国家标准化管理委员会. 信息化和工业化融合管理体系 评定分级指南:GB/T 23007—2022[S].

[3] 中华人民共和国国家质量监督检验检疫总局,中国国家标准化管理委员会. 数据管理能力成熟度评估模型:GB/T 36073—2018[S].

[4] 中国建筑业协会. 全过程工程咨询服务管理标准:T/CCIAT 0024—2020[S].

[5] 中国勘察设计协会. 全过程工程咨询服务规程:T/CECA 20037—2023[S]. 北京:中国建筑工业出版社,2023.

[6] 中国勘察设计协会. 工程勘察设计行业"十四五"信息化工作指导意见[Z]. 2022.

[7] 上海市勘察设计行业协会. 上海市勘察设计行业数字化转型专题研究报告[R]. 2022.